# 아프리카 여행

천황숙
두 번째 여행기

# 아프리카 여행

초판 1쇄 2016년 08월 19일

지은이 천황숙
발행인 김재홍
편집장 김옥경
디자인 박상아, 이슬기
마케팅 이연실

발행처 도서출판 지식공감
등록번호 제396-2012-000018호
주소 경기도 고양시 일산동구 견달산로225번길 112
전화 02-3141-2700
팩스 02-322-3089
홈페이지 www.bookdaum.com

가격 15,000원
ISBN 979-11-5622-206-4 03980

CIP제어번호 CIP2016017998
이 도서의 국립중앙도서관 출판도서목록(CIP)은 서지정보유통지원시스템 홈페이지(http://seoji.nl.go.kr)와 국가자료공동목록시스템(http://www.nl.go.kr/kolisnet)에서 이용하실 수 있습니다.

# 아프리카 여행

도서출판 지식공감

# AFRICA

아프리카
전체 지도

# 남아프리카 국가 정보

| 나라 | 남아프리카공화국 (South Africa) | 나미비아 (Namibia) | 보츠와나 (Botswana) | 잠비아 (Zambia) |
|---|---|---|---|---|
| 수도 | 프리토리아 행정 (Pretoria)<br>케이프타운 입법 (Cape Town)<br>블룸폰테인 사법 (Bloemfontein) | 빈트후크 (Windhoek) | 가보로네 (Gaborone) | 루사카 (Lusaka) |
| 면적 | 1,221,037㎢ | 824,292㎢ | 600,370㎢ | 752,614㎢ |
| 종족 | 아프리카계 흑인 79%<br>(줄루족 24%)<br>백인 10%<br>아시아(인도) 2.5% | 아프리카계 흑인 88%<br>(오빔보족 50%)<br>백인 6% | 아프리카계 흑인 88%<br>(츠와나족 67%)<br>(칼라냐 족 15%)<br>(부시맨족 4%) | 아프리카계 흑인 99%<br>(벰바족, 통가족 등 70여 개 부족) |
| 언어 | 영어, 부족어 | 영어, 부족어 | 츠와나어, 영어 | 영어, 부족어 |
| 종교 | 개신교 69%<br>카톨릭 7%<br>토착종교 | 기독교 65%<br>루터교 50%<br>카톨릭 18%<br>토착종교 15% | 기독교 31%<br>토착종교 39%<br>이슬람교<br>힌두교 | 개신교 49%<br>카톨릭교 30%<br>바하이교 2% |
| 환율 | 1$ = 7.02R (랜드) | 1$ = 7.02N$ (나미비아 달러) | 1$ = 6.1P (풀라) | 1$ = 4,610Kwacha (콰차) |
| 물값 | 6.3R / 1L | 1.8N$ / 1L | 1.52P / 1L | 4,800K / 0.5L |
| 비자비 | 무비자 | 465R | 무비자 | 50USD |

| 나라 | 말라위 (Malawi) | 탄자니아 (Tanzania) | 케냐 (Kenya) | 카타르 (Qatar) |
|---|---|---|---|---|
| 수도 | 릴롱궤 (Lilongwe) | 도도마 (Dodoma) | 나이로비 (Nairobi) | 도하 (Doha) |
| 면적 | 118,480㎢ | 947,307㎢ | 582,650㎢ | 11,437㎢ |
| 종족 | 아프리카계 흑인 99%<br>(치체와족, 툼부카족, 고니족 등 40여 개 부족) | 아프리카계 흑인 99%<br>(수쿠마족 90%, 고고족 4% 등 120여 부족)<br>잔지바르섬: 아랍인, 아랍과 아프리카 혼혈 | 아프리카계 흑인 99%<br>(키쿠유족 22%, 루하족 14% 등 43개 부족) | 아랍인 50%<br>인도인 18%<br>파키스탄인 18% |
| 언어 | 영어, 부족어 | 스와힐리어, 영어 | 영어, 스와힐리어 | 카타르아랍어, 영어 |
| 종교 | 개신교 39%<br>카톨릭 25%<br>이슬람 15%<br>토착종교 | 이슬람교 40%<br>기독교 45%<br>토착종교<br>잔지바르섬: 이슬람교 99% | 개신교 35%<br>카톨릭 35%<br>이슬람교 10%<br>토착종교 | 이슬람교(수니파) 79%<br>기독교 7%<br>인도종교 14% |
| 환율 | 1$ = 147.11Mk (말라위콰차) | 1$ = 1,334Tsh (탄자니아실링) | 1$ = 72Ksh (케냐실링) | 1$ = 3.60QR (카타르리얄) |
| 물값 | 140MK / 1L | 534Tsh/ 1L | 56Ksh/ 1L | 2QR/ 0.5L |
| 비자비 | 100USD | 50USD | 25USD | 100QR |

※ 카타르는 중동지역 국가이지만 여행 코스에 포함되어 국가정보에 넣었음.

# 서아프리카 국가 정보

| 나라 | 세네갈 (Senegal) | 감비아 (Gambia) | 기니비사우 (Guinea Bissau) | 기니 (Guinea) |
|---|---|---|---|---|
| 수도 | 다카르(Dakar) | 반줄(Banjul) | 비사우(Bissau) | 코나크리(Conakry) |
| 면적 | 196,190㎢ | 10,380㎢ | 36,120㎢ | 245,587㎢ |
| 종족 | 월로프족 44%<br>훌라족 23%<br>세레르족 15% | 만딩고족 42%<br>훌라족 18%<br>월로프족 16% | 발란테족 27%<br>훌라족 27%<br>만딩고족 12% | 푸라나족 40%<br>말링케족 30%<br>수수족 20% |
| 언어 | 프랑스어, 부족어 | 영어, 부족어 | 크레올어,<br>포르투갈어, 부족어 | 프랑스어, 부족어 |
| 종교 | 이슬람교 94%<br>카톨릭 5%<br>토착종교 | 이슬람교 90%<br>기독교 9%<br>토착종교 | 이슬람교 45%<br>기독교 8%<br>토착종교 37% | 이슬람교 85%<br>기독교 8%<br>토착종교 7% |
| 환율 | 1$ = 495CFA (세파프랑) | 1$ = 33D (달라시) | 1$ = 495CFA (세파프랑) | 1$ = 6,584.5GF (기니프랑) |
| 물값 | 1,000CFA / 1L | 40D / 1L | 1,000CFA / 1L | 5,000GF / 1.5L |
| 비자비 | 100,000원 | 40USD (국경비자) | 4,500CFA | 35,000GF |

| 나라 | 시에라리온 (Sierra Leone) | 라이베리아 (Liberia) | 코트디부아르 (Côte d'Ivoire) | 가나 (Ghana) |
|---|---|---|---|---|
| 수도 | 프리타운(Freetown) | 몬로비아(Monrovia) | 야무수크로(Yamoussoukro) | 아크라(Accra) |
| 면적 | 71,740㎢ | 111,370㎢ | 322,460㎢ | 238,534㎢ |
| 종족 | 멘데족 26%<br>템네족 25%<br>등 10여 개 부족 | 아프리카인 95%<br>아메리카와 라이베리아 혼혈 2.5% | 아칸족 42%<br>만데족 26% | 아칸족 42%<br>모시족 23% |
| 언어 | 영어, 부족어 | 영어, 20여 개 부족어 | 프랑스어, 부족어 | 영어, 프랑스어, 부족어 |
| 종교 | 이슬람교 60%<br>기독교 10%<br>토착종교 30% | 토착종교 50%<br>이슬람교 30%<br>기독교 20% | 이슬람교 40%<br>기독교 35%<br>토착종교 25% | 기독교 70%<br>이슬람교 15%<br>토착종교 21% |
| 환율 | 1$ = 4,300Le (레온) | 1$ = 73LD (라이베리아 달러) | 1$ = 495CFA (세파프랑) | 1$ = 1.85Cd (세디) |
| 물값 | 3,700Le / 1.5L | 35LD / 0.5L | 500CFA / 1.5L | 1.85Cd / 1.5L |
| 비자비 | 72,500Le (국경비자) | 무비자 | 145USD | 70USD |

| 나라 | 베냉 (Benin) | 토고 (Togo) | 에티오피아 (Ethiopia) | |
|---|---|---|---|---|
| 수도 | 포르토노보 (Porto-Novo) | 로메 (Lome) | 아디스아바바 (Addis Ababa) | |
| 면적 | 112,620㎢ | 56,785㎢ | 1,127,127㎢ | |
| 종족 | 폰족 47%<br>아쟈족 12%<br>등 42개 부족 | 에웨족 22%<br>카브레족 13%<br>등 37개 부족 | 오모로족 35%<br>암하라족 26%<br>등 약 80여 개 부족 | |
| 언어 | 프랑스어, 부족어 | 프랑스어, 부족어 | 암하라어, 영어 | |
| 종교 | 토착종교 50%<br>기독교 30%<br>이슬람교 20% | 토착종교 50%<br>기독교 30%<br>이슬람교 20% | 에티오피아정교 43%<br>이슬람교 34%<br>기독교 18.6%<br>토착종교 | |
| 환율 | 1$ = 495CFA (세파프랑) | 1$ = 495CFA (세파프랑) | 1$ = 18.43Br (비르) | |
| 물값 | 500CFA / 1L | 500CFA / 1L | 10Br / 1L | |
| 비자비 | 20,000CFA | 10,000CFA | 20USD | |

※ 에티오피아는 동아프리카 지역 국가이지만 여행 코스에 포함되어 국가정보에 넣었음.

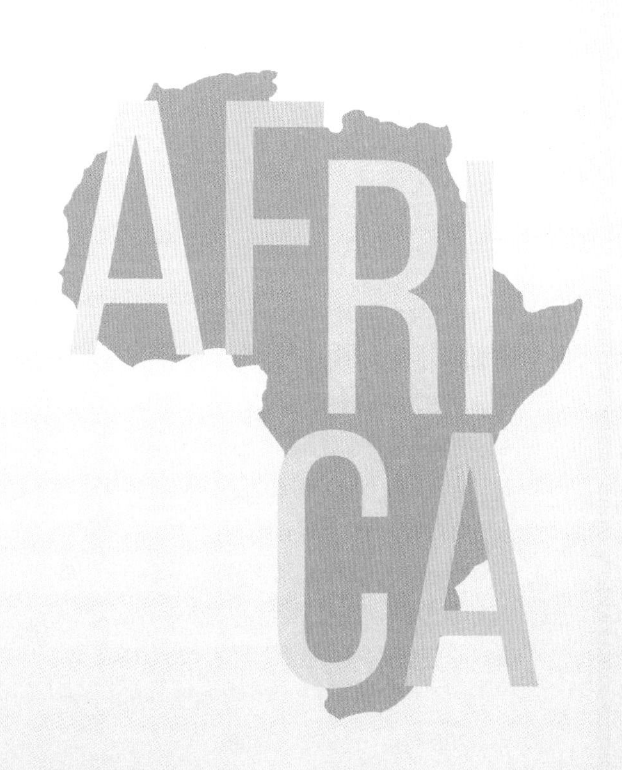

# CONTENTS



## 남아프리카 트럭여행

# CONTENTS

## 좌충우돌 서아프리카 여행

# 남아프리카 트럭여행

## 남아프리카 트럭여행 일정

| 월/일 | 요일 | 국 가 | 일 정 | 비 고 |
|---|---|---|---|---|
| 11/9 | 월 | | 인천공항 출발, 오사카 경유 | |
| 10 | 화 | 남아프리카공화국 | 도하, 요하네스버그 경유<br>→ 케이프타운 도착 | |
| 11 | 수 | 남아프리카공화국 | 나미비아 비자 발급 받음.<br>케이프반도 1일 투어 예약 | |
| 12 | 목 | 남아프리카공화국 | 케이프반도 1일 투어 | Bazbus여행사 |
| 13 | 금 | 남아프리카공화국 | 케이프타운 시티 투어<br>아카시아 트럭여행팀 미팅 | |
| 14 | 토 | 남아프리카공화국 | 디스트릭트 식스 박물관 관람 → 타운십 랑가 방문 → 케이프타운 출발, 웨스턴 케이프 | 트럭여행 첫날 |
| 15 | 일 | 남아프리카공화국 | 오렌지 강의 가리프 | |
| 16 | 월 | 나미비아 | 피시리버 캐년 | |
| 17 | 화 | 나미비아 | 나미브 나우크라프트 국립공원의 세스리엠 | |
| 18 | 수 | 나미비아 | 세스리엠의 소수스브레이<br>(일출 및 모래사막 트래킹)<br>→ 솔리타이레 | |
| 19 | 목 | 나미비아 | 스와코프문드 | 백패커에서 숙박 |
| 20 | 금 | 나미비아 | 스와코프문드 시내 관광 | |
| 21 | 토 | 나미비아 | 케이프 크로스 실 콜로니 →<br>스피츠코페(부시맨 채색 벽화동굴) | |
| 22 | 일 | 나미비아 | 에토샤 국립공원(게임 드라이브) | |
| 23 | 월 | 나미비아 | 에토샤 국립공원(게임 드라이브) | |
| 24 | 화 | 나미비아 | 빈트후크 | 백패커에서 숙박 |
| 25 | 수 | 보츠와나 | 간지(부시맨 워크) | |
| 26 | 목 | 보츠와나 | 마운 | |

| 월/일 | 요일 | 국 가 | 일 정 | 비 고 |
|---|---|---|---|---|
| 11/27 | 금 | 보츠와나 | 오카방고 델타(게임 크루즈) | |
| 28 | 토 | | 오카방고 델타(워킹)<br>➞ 마운(소형 항공기로 관광) | |
| 29 | 일 | | 카사네 | |
| 30 | 월 | | 초베 국립공원(게임 드라이브, 게임 크루즈) | |
| 12/1 | 화 | 잠비아 | 리빙스턴(빅토리아폭포 관광) | |
| 2 | 수 | | 루사카 | 버스로 이동<br>백패커에서 숙박 |
| 3 | 목 | | 루사카(말라위 비자 신청) | 백패커에서 숙박 |
| 4 | 금 | | 루사카(말라위 비자 받음, 루사카 시내 관광) | 백패커에서 숙박 |
| 5 | 토 | | 카푸에 리버 퀸 캠프(크루즈) | |
| 6 | 일 | | 카푸에 마을 방문, 루사카 캠프 | |
| 7 | 월 | | 치파타 | |
| 8 | 화 | 말라위 | 릴롱궤 경유➞ 리빙스토니아 비치 | |
| 9 | 수 | | 칸데 비치 | |
| 10 | 목 | | 칸데 비치 | |
| 11 | 금 | | 치팀바 | |
| 12 | 토 | 탄자니아 | 이링가 | |
| 13 | 일 | | 미쿠미 국립공원 경유➞ 다르 에스 살람 | |
| 14 | 월 | | 잔지바르(스파이스 농장 방문) | 페리로 이동<br>(페리 탑승시 여권 필요)<br>호텔에서 숙박 |

## 남아프리카 트럭여행 일정

| 월/일 | 요일 | 국 가 | 일 정 | 비 고 |
|---|---|---|---|---|
| 12/15 | 화 | 탄자니아 | 잔지바르(스톤타운 관광, 선셋 비치) | 방가로에서 숙박 |
| 16 | 수 | | 잔지바르(선셋 비치) | 방가로에서 숙박 |
| 17 | 목 | | 다르 에스 살람 | 페리로 이동 |
| 18 | 금 | | 탕가 | 롯지에서 숙박 |
| 19 | 토 | | 아루샤 경유 → 메세라니 스네이크 파크 | |
| 20 | 일 | | 레이크 만야라 국립공원 경유 → 세렝게티 국립공원(게임 드라이브) | |
| 21 | 월 | | 세렝게티 국립공원(게임 드라이브) → 올두바이 조지 관광 → 옹고롱고로 크레이터 | |
| 22 | 화 | | 옹고롱고로 크레이터 (게임 드라이브) → 메세라니 스네이크 파크 | |
| 23 | 수 | | 메세라니 스네이크 파크 (마사이 워크) | |
| 24 | 목 | 케냐 | 아루샤 경유 → 나이로비 | 트럭여행 마지막 날 |
| 25 | 금 | 카타르 | 도하 | |
| 26 | 토 | | 도하 관광 | |
| 27 | 일 | | 알 코르 다녀옴 | |
| 28 | 월 | 한국 | 도하 출발, 인천공항 도착 | |

# CAPETOWN ~ NAIROBI

9874 km

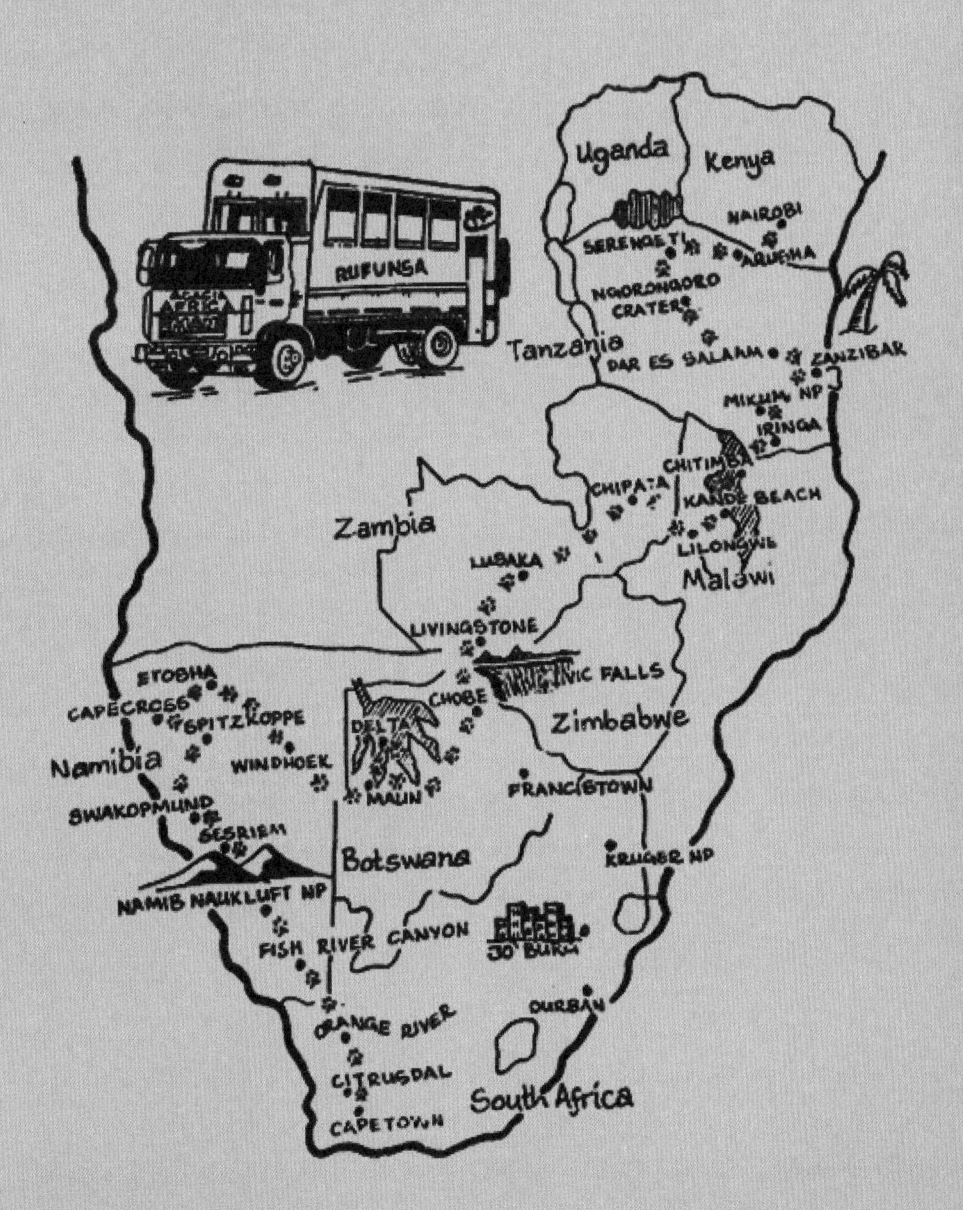

니제르
Niger
차드
Chad
수단
Sudan
카타르 도하로 이동
나이지리아
Nigeria
남수단
Republic of South Sudan
에티오피아
Ethiopia
중앙아프리카공화국
Central African Republic
카메룬
Cameroon
우간다
Uganda
케냐
Kenya
가봉
Gabon
콩고
Congo
콩고민주공화국
Democratic Republic of the Congo
나이로비
Nairobi
올두바이 조지
Olduvai Gorge
세렝게티 Serengeti
메세라니 스네이크 파크
Meserani Snake park
옹고롱고로 국립공원 Ngorongoro
아루샤 Arusha
탄자니아
Tanzania
탕가 Tanga
잔지바르
Zanzibar
찰린제 Chalinze
이링가 Iringa
다르 에스 살람
Dar es Salaam
음베야 Mbeya
대서양
Atlantic Ocean
치팀바 Chitimba
리빙스토니아 비치
Livingstonia Beach
앙골라
Angola
치파타
Chipata
잠비아
Zambia
릴롱궤 Lilongwe
루사카 Lusaka
말라위
Malawi
카사네
Kasane
에토샤 국립공원
Etosha Park
리빙스턴 Livingstone
모잠비크
Mozambique
나미비아
Namibia
오카방고 델타
Okavango Delta
초베국립공원 Chobe National Park
짐바브웨
Zimbabwe
마운 Maun
스피츠코페 Spitzkoppe
빈트후크
Windhoek
스와코프문드 Swakopmund
간지
Ghanzi
보츠와나
Botswana
나미브 나우크루프트 국립공원
Namib Naukluft
솔리타이레 Solitaire
남아프리카 공화국
Republic of South Africa
피시리버캐년
Fish River Canyon
오렌지리버
Orange River
인도양
Indian Ocean
남아프리카
지도 및 경로
케이프타운 Cape Town
희망봉
Cape of Good Hope

2009년 11월 09일(월)

# 아프리카를 향해 출발

2009년 11월 9일 월요일 인천공항 오후8:40 출발

트럭을 이용하여 아프리카여행을 할 수 있다는 것을 알고 영국 여행사 Overland Acasia에 트럭여행에 참가할 수 있는 조건을 알아보니 오샘과 나의 나이가 많다는 것이 걸림돌이었다. 그래서 우리는 그동안의 여행 경험을 이야기하여 트럭여행에 동참할 수 있다는 허락을 받아 드디어 오늘 아주 멀리 있는 가보지 못할 곳, 신비하게만 생각했던 곳, 아프리카로 출발하였다.

50일간의 집안일을 오늘 다 마무리하느라 부지런히 움직여야만 했다. 일서가 친구들과의 모래놀이가 더 좋은지 우리가 여행 간다고 출발하는데도 따라 나설 생각을 안 한다. 작년에 우리가 중남미로 여행 떠날 때는 우리와 안 떨어지려고 울고불고 난리였었는데 1년 사이 그렇게 큰 것이 대견하기도 하고 한편으로는 섭섭하기도 하다. 매번 장기간 여행한다고 인제한테 집을 부탁하고 밥과 빨래를 해결하도록 해서 미안하다. 인제의 배웅을 받으며 출국장으로 들어갔다.

아프리카로의 트럭여행이 가능하다는 연락을 받았을 때는 매우 기뻤었는데 막상 지금 50일간의 아프리카 여행의 시작인데 이상하게 어떤 설레임도 실감도 나질 않는다. 그런데 비행기에 올라 카타르항공사의 승무

원들 복장을 보니 우리와 환경이 다른 지역으로 가는구나 하는 생각이 절로 든다.

우리는 늦가을이어서 비교적 어둡고 두툼한 옷차림을 했는데 승무원들의 반팔 미색 상의, 붉은색 하의, 붉은색 모자 등이 모래사막, 더위, 열정을 나타내는 것 같다. 11월 09일 오후 8시 40분 출발. 경유지 오사카에서 만석이 된 비행기는 다음 경유지인 카타르 도하를 거쳐 남아프리카 요하네스버그로 향했다.

2009년 11월 10일(화)

## 케이프타운Cape Town 도착

[ 2009년 11월 10일 화요일 케이프타운Cape Town 오후5:55 도착 ]

| 기간 | 도시명 | 숙소 | 숙박비 |
|---|---|---|---|
| 11/10 – 11/13 | 남아프리카공화국 | LONG STREET BACKPACKERS | 1,000R + 19.5USD |

요하네스버그를 경유하여 아프리카 여행의 첫 목적지 케이프타운에 도착. 인천에서 케이프타운까지 28시간 15분 걸렸다. 오랜 비행에도 불

MAMA
AFRICA

Nando's
FICTION

구하고 설레는 마음으로 공항 입국장에 들어서는데 매우 활기찬 분위기이다. 10년 전 케이프타운에 왔었던 오샘은 그때보다 공항이 많이 깨끗해지고 시설이 보완되었다고 한다. 입국신고서조차 쓰지 않고 모든 입국절차가 아주 신속하게 이루어지고. 다른 어떤 선진국 못지않은 공항 분위기이다.

계절도 그렇고 평소에 생각했던 아프리카의 더운 날씨가 전혀 아니다. 옷차림을 보니 공항의 근무자들부터 모든 사람들이 두터운 옷차림이고 비가 계속 흩날리는 날씨다. 늦은 시간인데도 공항에 있는 은행은 영업을 하고 있어 환전할 수 있었다. 환전하자마자 더 어두워지기 전에 서둘러 택시로 며칠 묵을 숙소인 백패커로 가는데 택시 운전기사는 어두워져도 케이프타운은 경찰이 곳곳에 있고 전혀 치안에 문제가 없다고 한다. 숙소에서 슈퍼마켓을 갔다 오는데 그래도 우리는 뭔가 편안치 않은 느낌이다. 산 넘고 바다를 건너고 사막을 지나 드디어 아프리카의 남쪽 끝 케이프타운에 온 것이다.

---

2009년 11월 11일 (수)

## 나미비아 비자 발급받음

어떤 일정보다도 나미비아 비자를 발급받는 것이 중요한 일이어서 나

미비아관광청으로 갔다. 비자 신청서류를 받은 후 비자발급 비용을 내러 은행에 갔다 와야 하는데 이 거리가 빌딩들이 많고 경제중심거리인데 비해 거리는 혼잡하지 않은 편인데도 우리는 바로 건너편에 있는 은행을 두고 헤매어 결국 빙글빙글 돌아서 간 셈이다. 은행을 찾느라 길을 헤맬 때 청소하던 아저씨도 일을 멈추고 친절하게 큰길까지 데리고 가서 길을 가르쳐 주고 가시고 은행 직원도 매우 친절하게 일을 처리해 주어 케이프타운에 대한 인상이 좋았다. 생각보다 쉽게 당일에 나미비아 비자를 받았다.

비바람을 받고 다녀서인지 피곤하다. 숙소에 와서 점심을 먹고 푹 쉬었다가 Overland Acasia 미팅 장소인 다른 백패커를 확인하고 온 후, 숙소에서 케이프타운 관광 상품을 소개받아 내일 케이프 반도 1일 투어를 하기로 하였다.

2009년 11월 12일 (목)

# 케이프타운 반도 1일 투어

케이프타운Cape Town ···› 씨 포인트Sea Point ···› 캠프스 베이Camps Bay ···› 샌디 베이Sandy Bay ···› 호우트 베이Hout Bay듀커섬 ···› 채프만스 피크Chapman's Peak ···› 시몬스 타운Simons Town ···› 희망봉Cape of Good Hope ···› 케이프포인트Cape Point ···› 스카보로우Scaborough ···› Kommetjie ···› 메도우 리지Meado Rridge ···› 케이프타운Cape Town

희망봉 쪽 날씨가 매우 변덕스럽다고 해서 옷을 어떻게 입어야 하나 망설였다.

아침 8시. 10여 대 자전거를 실은 수레를 뒤에 매달은 미니버스인 Bazbus(회사이름)가 우리 숙소 앞에 도착하였다. 친절한 아줌마 가이드와 인상 좋은 흑인 운전기사가 우리를 맞이해 주었다. 우리 숙소를 시작으로 오늘 동행할 관광객 9명을 모두 태우기 위해 시내 다른 숙소를 돌면서 간다. 오샘과 나만 빼고 모두 20대이다.

거의 9시가 다 되어 케이프타운을 벗어나고 대서양을 끼고 해안도로를 따라 시원하게 내려가는데 거무스름한 안개가 주변을 가리더니 비가 내린다. 그러다 날이 개이는 듯하더니 또 흐리고, 정말 날씨를 가늠하지 못하겠다. 대서양 해변의 하얀 모래가 넓게 펼쳐진 클리프턴 비치를 지나 해안가에 호화로운 하얀 집들이 밝은 햇빛에 반사되어 더욱 눈부시게 화사해 보이는 푸른 바다와 어우러져 아름다운 해안마을을 마음껏 드러내고 있는 캠프스 베이에서 잠시 머물렀다. 바로 전까지만 해도 오락가락하던 날씨가 이 아름다운 마을을 지날 때는 화창해져 내 마음까지 화사하게 만든다.

잠시 머무는 동안 옷에 뿌리는 모기약을 사려고 했는데 이곳 슈퍼마켓에도 없어서 모기 살충제를 구입하였다. 계속 이어지는 아름다운 해안선을 따라가면서 샌디 베이를 지나니 바닷가에 우뚝 솟은 산이 보이는데 호우트 베이항이 있는 곳이다. 항구에는 많은 선박들이 정박해 있고 기념품 노점상들과 많은 관광객들로 북적인다.

물개섬인 듀커 섬으로 가려고 매표소에 갔는데 생각지도 않은 한국어로 된 안내서가 있는 것이다. 이 머나먼 나라에서 말이다. 온지 얼마 되지 않았지만 비행기에서도 그렇고 한국 사람은 고사하고 동양인도 한 사람 보지 못했는데. 한글을 보니 반가움이 앞선다. 한국 사람이 많이 와서인지, 한국의 위상이 이 정도까지 올라가 있어서인지 왠지는 모르겠다.

호우트 베이 항구에서 15분 정도 거리에 있는 듀커섬은 정박시설이 없을 정도로 아주 작아서 배를 타고 10여 분 정도 섬을 한 바퀴 돌고 되돌아오는데 어찌나 풍랑이 심한지 멀미가 날 것 같았다. 작은 무인도를 완전히 덮을 정도로 많은 물개들은 섬에서 자기들 세상을 마음껏 즐기고 있다. 항상 그렇지는 않겠지만 이 세찬 물살 속에서 잘 견디고 살아남으니 생명력이 대단한 것 같다.

호우트 베이를 출발하여 아름다운 해안선을 따라 드라이브길이 계속 이어지는데 마치 절벽처럼 보이는 높이 600m나 되는 바위를 깎아 만든 드라이브 길이 이어지기도 한다. 1922년 개통했다는 채프만스 피크를 거쳐 가는 이 드라이브 길은 7년간 죄수들을 동원해 만들었다는데 죄수

들에게는 미안한 이야기지만 드라이브 내내 더할 나위 없는 해안가의 절경을 드러낸다. 우리는 케이프 반도를 가로질러 대서양에서 인도양 쪽으로 계속 드라이브를 하고 있는 것이다. 인도양 쪽으로 가까이 가면서 저택들이 이어지는 이곳 풍경이 우리가 보통 들어왔던 아프리카인가 착각이 든다. 저 저택들의 주인은 백인이지만 종업원들은 대개 흑인일 것 같은 생각이 든다. 내가 보기에는 다 똑같은 바다 같은데 이제 보이는 바다는 대서양이 아니라 인도양이다.

Fish Hoek를 지나 시몬스 타운에 다다르니 해안가를 따라 이루어진 동네와 군사시설이 있고 푸른 바다를 바라보고 따사로운 햇살이 아늑해 보이는 저택 단지가 있는 부촌이 나온다. 동네에는 나지막한 식물들의 싱그러운 녹색 잎들 사이사이 산뜻하게 돋아 보이는 노랑, 빨강, 보라색, 하얀 꽃들이 서로 다투어 피어있다. 이곳이 펭귄 서식지란다. 인도양 해안의 펭귄 서식지로 들어서니 펭귄들이 구경꾼들의 사진기 셔터 소리에도 아랑곳하지 않는다. 펭귄들의 행동, 여러 가지 생활하는 모습이 나에게는 새롭게 다가온다. 털갈이할 때인지 털갈이 중인 펭귄들도 있고 날개를 살짝 벌리고 걷는 모습이 아주 귀엽다. 펭귄 서식지를 나오니 교복입은 초등학교 저학년 학생들이 선생님과 다정하게 이야기하면서 가는 모습이 단정하면서도 명랑해 보인다.

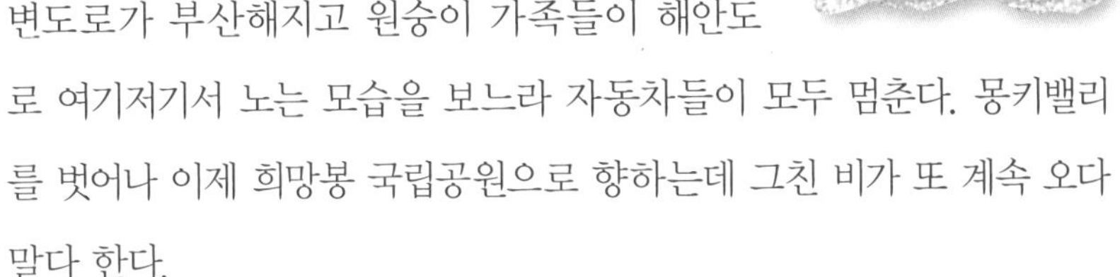

다시 해안을 따라가다 몽키밸리에 멈추지 않을 수 없었다. 우리 차가 막 지나가려고 하는데 길가에 세워 둔 승용차에 원숭이가 들어가 짐을 헤치고 있는 모양이다. 승용차 주인들이 달려와 원숭이를 쫓아내느라 해안가 주변도로가 부산해지고 원숭이 가족들이 해안도로 여기저기서 노는 모습을 보느라 자동차들이 모두 멈춘다. 몽키밸리를 벗어나 이제 희망봉 국립공원으로 향하는데 그친 비가 또 계속 오다 말다 한다.

공원 입구에서 가이드는 젊은이들에게 자전거와 헬멧을 내어 주고 6km를 자전거로 가게끔 하고 오샘과 나는 차로 이동해서 매점이 있는 곳에서 그들과 만났다. 젊은이들은 아프리카 제일 남쪽의 풍광 좋은 국립공원에서 자전거를 타고 달린 것이 좋은 추억거리로 남을 것 같았다.

매점에 도착하니 빗줄기가 점점 굵어지고 바람 불면서 으스스 춥다. 가이드는 운전기사와 함께 비를 피해 휴게소 처마 아래 식탁을 놓고 부지런히 점심식사 준비를 한다. 빵, 샐러드, 과일, 햄, 치즈를 식탁에 차려 놓고 음료는 각자 매점에서 사와 식사를 하니 훌륭한 점심식사가 된다. 다른 한 팀이 도착하더니 우리와 조금 떨어진 곳에서 같은 식으로 점심을 한다. 점심식사를 끝내고 나니 빗줄기가 많이 가늘어졌다.

오후 1시 30분 희망봉을 향해 열심히 달려가니 과연 그동안 사진으로만 보았던 돌로 된 산과 또 다른 절벽을 이룬 산이 보인다. 희망봉인 것이다. 희망봉에서 옆으로 바라다보니 아프리카의 남서쪽 끝에 위치한 등대가 2개 있는 케이프포인트 역시 해안 절벽의 아름다운 풍경화를 그려

내고 있다. 희망봉에 하얀 물보라를 일으키며 부딪치는 바닷물은 대서양과 인도양이 함께 부딪치는 것이다. 원래 희망봉 앞바다는 풍랑이 심해 조난사고가 많아 "Cape of Storm"이라는 이름이었는데 포르투갈 왕이 바스코다가마의 희망봉 발견을 계기로 포르투갈인들에게 용기를 주기 위해 "희망봉"이라고 명명을 한 것이란다.

차에서 내리니 바람이 어찌나 세게 부는지 옷을 여러 겹 입었는데도 찬 기운이 온몸을 감싼다. 그런데 그때 바닷가 바위에서 젊은이들(여자 2명과 남자 1명)이 상의를 벗은 채 반나체 차림으로 두 팔을 번쩍 들고 사진을 찍는 것이 아닌가. 우리가 어! 어! 하면서 놀라는 순간 그들은 바위에서 내려오면서 옷을 입는다. 우리는 놀라면서 "춥지도 않나"하는 생

각이 들면서도 저런 발상을 할 수 있는 젊음에 미소가 지어진다. 다행히 비는 그쳤으나 바람은 엄청 분다.

희망봉을 올라가 탁 트인 푸른 바다, 하늘과 구분이 안 되는 저 아득한 수평선을 무심히 쳐다보는 수밖에 별도리가 없었다. 어찌 우리가 여기에 와 있는 건지 모르겠다. 위에서 내려다보면 지구는 한낱 하나의 점으로 보일 텐데 남반구와 북반구라는 위치만 다르지 위도가 같은 우리가 살고 있는 우리나라와 자연환경이 이렇게 다르니 이 삼라만상을 어찌 사람이 감히 넘볼 수 있겠는가. 희망봉을 내려오는데 어찌나 바람이 센지 정말 몸이 날아갈 것만 같다. 세찬 바람 때문에 겨우겨우 내려오는데 앞에 가던 사람이 갑자기 바위틈을 향해 사진기 셔터를 눌러댄다. 도마뱀이 바위틈에 납작 엎드려있는 것이다. 어떻게 그 틈에 있는 걸 보았

는지 관찰력이 대단하다.

희망봉을 출발해 케이프포인트에 가니 주차장에 차들이 즐비한 것으로 보아 관광객이 꽤 많이 왔나 보다. 케이프포인트 입구에 설치되어 있는 위도 표지판을 배경으로 한 컷 누르고 케이프포인트로 향해 서서히 올라갔다. 인도양에 내리쬐는 햇살 아래 키 작은 여러 종류의 선인장들이 노란색, 보라색 꽃들을 피운 꽃밭 풍경이 바로 천국이다. 케이프포인트 절벽 아래를 내려다보니 비취빛을 발하는 인도양 물이 절벽에 부딪쳐 하얀 포말을 일으키는 바다가 황홀하면서도 시원하게 다가온다. 제일 꼭대기에 여러 나라의 수도 위치를 나타내는 방향 표지판들이 있는데 "SEOUL"은 없다. 아쉬움을 뒤로 하고 오염이 안된 한없이 상쾌한 바다 공기를 들이키며 내려왔다.

부탁받은 "악마의 발톱"이라는 약을 사려고 기념품점에 갔는데 기념품점의 점원도, 가이드도 "악마의 발톱"이라는 약을 모른다고 해서 그냥 돌아올 수밖에 없었다.

아프리카 남서쪽 끝인 케이프포인트를 마지막으로 오늘 일정을 끝내고 차에 올랐는데 화창해졌던 날씨가 또 비가 오기 시작한다. 정말 날씨를 가늠할 수가 없다. 비가 와도 바람이 세차서 우산을 쓸 수 없다. 어제도 그러더니 오늘은 계속 비가 오다 말다 하고 하루 종일 바람과 씨름을 했다. 바람이 많아서인지 나무들이 없고 돌들 사이사이에 거의 풀들만 녹색을 드러내고 있다. 케이프타운으로 돌아올 때는 희망봉 국립공원을 나와 반도를 가로질러 대서양 쪽으로 갔다가 내륙 쪽에 있는 고속도로를 타고 오니 시간이 많이 단축된다.

숙소에 오니 오후 5시다. 하루 종일 비와 바람 때문에 몸이 차가운데 오늘따라 샤워물이 신통치 않아 계속 한기를 느낀다. 또 한밤중에는 비가 한차례 쏟아진다.

아프리카에 온 지 얼마 되진 않았지만 예상치 않게 해가 나는가 하면 비가 오고 바람 부는 궂은 날씨가 계속되어 추위만 느끼고 있다. 어쨌든 오늘 케이프 반도 투어를 통해 아프리카에서 유럽인들이 거주하는 도시는 유럽인들에 의해 구조가 어느 정도는 선진화되어 있다는 느낌을 받았고, 남아프리카의 산뜻하고 아름다운 자연 경관은 내 가슴을 시원하게 한다.

2009년 11월 13일(금)

# 케이프타운 1일 시티투어 및 아카시아 트럭여행팀 미팅

어제는 하루 종일 비와 바람에 시달렸는데 오늘 날씨는 어떨지 모르겠다. 우리 숙소가 있는 롱 스트리트는 여행객들의 숙소가 많아서인지 아침 거리가 매우 조용하고 한산하며 현지인들의 겉옷 차림이 두툼한 겨울 옷차림이고 거의 대부분 모자를 썼다. 날씨가 계속 궂어 빨래가 마르지 않아 세탁물을 맡기러 세탁소에 갔는데 세탁소가 매우 넓고 깨끗하고 정돈된 분위기이다. 밤새 오던 비도 아침에 그치면서 날씨가 오랜만에 쾌청할 것 같은데 모르겠다.

첫차인 오전 9시 20분 빨간색 시티투어 버스를 탔는데 승객들이 많다. 지하철이 없고 현지인들이 주로 이용하는 봉고 밖에 없는데다 다소 치안이 불안하고 대중교통수단이 활성화되지 않아서인지 여행객들이 시티투어 버스를 많이 이용하는 것 같다. 생각보다는 도시 중심지가 복잡하지 않은 편이다. 다행히 날씨가 맑게 개어 시티투어 하기에는 좋은 날씨이다. 이곳에 와서 오늘 처음으로 테이블마운틴의 윤곽이 확연히 드러나 보이는데 정말 신기할 정도로 산꼭대기가 테이블 모양으로 잘렸다. 해발 약 1,000m 부분이 잘린 것이란다. 이런 신기한 모습을 보이려고 그동안 감추어두었던 것 같다. 테이블마운틴에 구름이 많이 잘 끼고 그만큼 변덕스러운 케이프타운 날씨는 이 테이블마운틴에 걸린 구름을 보고 예측할 정도란다.

남아프리카의 행정수도는 프리토리아이지만 케이프타운은 국회가 있는 입법수도로 요하네스버그, 더반이 발전하기 전까지는 유럽의 전략적 요충지로써 남아프리카 공화국 최대 도시였던 만큼 역시나 고풍스러운 많은 건축물들이 눈에 띤다. St. Geoge's Cathedral, 총독 개인 정원인 Company Garden, Castle of Good Hope 등등을 지나는데 어디서든 테이블마운틴이 확연히 보인다.

Castle of Good Hope를 지나는데 저 건너편 쪽에 보이는 화강암으로 지어진 아름다운 건물이 시청이란다. 넬슨 롤리흘라흘라 만델라 대통령이 시청 베란다에서 연설하던 장면이 눈에 선하다. 순간 가슴이 뭉클해진다. 27년간의 감옥생활에서 자유인이 되어 로벤섬에서 나와 시청에 가서 연설하던 때가 얼마 안 된 것 같은데 벌써 20년이나 지나간 일이 되었다. 테이블마운틴에 가려고 시티투어 버스에서 내렸는데 모처럼 날씨가 쾌청해서인지 테이블마운틴 정상에 오르는 케이블카를 타기 위해 기다리는 사람들이 너무 많아 로벤섬을 먼저 가기로 하고 우리는 다시 시티투어 버스에 올랐다. 어제 지나갔던 캠프스 베

MUTUAL

OFFICES TO LET
KFC

이가 하얀 주택가 너머로 내려다보이는데 햇살에 더욱 돋아 보이는 하얀 모래벌판과 모래벌판에 계속 밀려 들어오며 하얗게 부서지는 파도와 파도소리, 에메랄드빛, 옥빛 등 모든 푸른색을 띠며 끝없이 펼쳐지는 바다는 절로 탄성이 나오고 가슴이 시원해진다. 어제도, 오늘도…. 우리는 이런 자연의 유혹을 물리치지 못하고 결국 캠프스 베이에서 내려 고운 하얀 모래밭으로 달려가 하얗게 부서지는 파도를 마주 보며 대서양 물을 손에 묻히고야 말았다.

다음에 온 시티투어 버스를 타고 계속 아름다운 풍경이 이어지는 씨 포인트를 지나 만델라가 수감되었었다는 로벤섬을 가기 위해 테이블 베이에 위치한 워터 프런트에서 내려 선착장을 찾아가니 오늘은 파도가 심해 배가 운행되지 못한단다. 내가 생각하기에는 어제보다 오늘은 바람이 전혀 없고 화창한 것 같은데. 로벤섬을 가기 위해 테이블마운틴 정상에 오르는 것도 뒤로 미루고 왔는데. 아쉬운 마음으로 돌아설 수밖에 없었다.

이 근처에 있는 비교적 저렴하고 깨끗해 보이는 식당 Fisherman에서 점심을 해결하고 마침 규모가 꽤 큰 쇼핑센터가 있어 "악마의 발톱"을 사려고 쇼핑센터의 약

국 등을 찾아다녀 보고 사람들에게 물어보아도 "악마의 발톱"을 아는 사람이 없어 결국 "악마의 발톱"을 사지 못하고 시티투어 버스에 올랐다. 테이블마운틴 정상에 오르는 사람들이 아직도 많아 우리는 포기하고 다시 시티투어 버스로 말레이시아인들이 노예로 왔다가 형성된 그들의 거주지인 높은 지대라는 뜻을 가진 BO-KAPP지역에 갔다. 마치 부에노스아이레스의 보카 지구와 비슷하게 집들을 주로 원색으로 예쁘게 칠해 놓은 동네를 돌아보는데 모스크도 있고 무슬림 남자들이 밖에 모여 대화하고 있는 모습도 보인다. 머나먼 타국에 끌려 와 대대로 이곳 사회에 적응하며 신앙심으로 그들의 공동체를 이루고 있는 것이 아닐까 하는 생각이 들었다. 오는 길에 세탁물을 찾아 숙소에 오니 오후 3시 반이다.

오후 6시에 내일부터 41일간의 여행을 위한 미팅이 있어 미리 미팅장소에 가 있겠다고 5시쯤 숙소를 나섰는데 하루 종일 좋던 날씨가 갑자기 비바람이 휘몰아쳐서 지나가는 길에 있던 건축공사장의 흙바람과 비를 흠뻑 맞으면서 언덕 꼭대기에 위치한 미팅장소인 백패커로 갔다. 그 앞 주차장에는 이미 우리와 동행할 트럭을 개조한 버스가 와 있다. 우리는 백패커에 일찌감치 도착해 라운지에서 기다리는데 약속 시간이 되었는데도 모이는 사람들이 없어 혹시나 하고 그 옆방에 가니 모두들 와 있는 것이 아닌가.

41일간 우리를 안내하고 동행할 가이드와 운전기사는 케냐인인 삼미와 토니이다. 우리와 같이 여행할 사람들은 잉글랜드인 2명, 스코틀랜드인 2명, 호주인 6명, 뉴질랜드인 4명, 독일인 1명, 캐나다인 1명, 한국인 우리 2명, 케냐인인 가이드와 운전기사를 포함해 모두 7개국 20명이다.

우리 두 명 빼고 연령층은 20대 초반에서 30대 후반이다.

인원이 많아서인지 서류 제출, 경비 지불 등 회의가 오래 걸려 오후 8시 반 되어서야 끝났다. 이 시간에 처음으로 우리 숙소 앞거리를 지나는데 bar마다 젊은 사람들이 많다. 숙소에 와서 짐을 싸는데 어떻게 짐을 분리해서 꾸리는 것이 효과적인지 고민하면서 꾸렸는데 글쎄다. 오늘까지가 그나마 편안한 잠자리가 아닐까 하는 생각과 앞으로의 여행에서 만나게 될 여러 가지 상황들에 대한 기대감을 갖고 잠자리에 들었다.

---

2009년 11월 14일(토)

## 트럭여행 첫날

디스트릭트 식스 박물관 District Six Meusiem 관람, 타운십 Township 랑가 Langa 방문 ··· 테이블 뷰 Table View 오후2:30 출발 ··· 웨스턴 케이프 Western Cape 시트러스달 Citrusdal 오후6:30 도착

새벽 5시부터 준비하여 숙소에서 7시에 출발하는데 마침 숙소 앞에 택시가 있어 생각보다 쉽게 빨리 어제 미팅장소인 트럭 출발지까지 갈 수 있어 다행이었다. 일찍 갔기 때문에 손쉽게 짐을 넣을 수 있는 위치의 캐비닛을 잡을 수 있었다. 9시쯤 봉고로 시내 박물관에 가는데 봉고 앞

자리에 이미 탄 젊은 사람 2명이 아무 이야기도 안 했는데 우리에게 자리를 양보하는 것이다. 미안한 마음이 들어 우리가 당황했다. 어제 미팅 때 잠깐 보아서 얼굴도 익히지 못했는데 예의를 차리는 그들을 보고 조금 놀랐다. 앞으로도 본의 아니게 이런 피해를 주게 될 것 같아 걱정이 된다. 나중에 알고 보니 스티븐과 롸이언이었다. 롱 스트리트 경찰서 맞은편에 위치한 디스트릭트 식스 박물관에 갔다가 외곽에 있는 타운십 중 한 곳인 랑가를 간단다.

디스트릭트 식스 박물관은 인종차별정책이 시행되면서 지금은 사라진 디스트릭트 식스에 거주하던 사람들의 집, 방, 거실, 부엌 등 생활공간, 그릇, 가재도구, 피아노, 재봉틀 같은 생활도구들, 어떤 생활을 했는지에 관한 사진들이 상세하게 전시되어 있었는데 "EUROPEANS ONLY SLEGS BLANKES"가 씌어 있는 나무 벤치를 보니 씁쓸한 생각이 들었다. 파괴된 집, 이웃들의 집을 거주민들이 직접 표시해 둔 디스트릭트 식스의 지도도 전시되어 있었다.

이 지역은 도시와 항구를 연결하는 지역의 중심지로서 인종차별정책이 시작되기 전에는 모든 인종들이 함께 살던 아름다운 지역 중 하나였었는데 인종차별정책을 내세우면서 이 지역은 백인 지역으로 되고 다른 인종들은 타운십으로 강제 이주시켰다. 1957년 태어나 40년간 이곳에서 살다 1998년 랑가로 이주한 흑인 여성의 사진과 그 가족의 생활에 관한 사진은 인종차별정책의 폐해를 극명하게 드러내고 있어 나를 서글프게 하였다. 박물관에 들어서면서부터 나올 때까지 숙연해지는 마음이다. 박물관을 나와 타운십으로 향하는 마음이 무겁다. 유색 인종의 참정권을 부정하고 경제적, 사회적으로 백인의 특권을 유지 강화하기 위해 Apartheid(인

종차별정책)를 시행하면서 흑인들이 강제 이주되어 거주하던 지역을 타운십이라 하는데 30개의 타운십 중 하나인 랑가를 방문하였다.

토요일이어서 그런지 밖에서 놀고 있는 아이들이 많고 매우 열악한 환경에서도 아이들은 매우 밝고 명랑해 보인다. 어린아이들은 우리들을 계속 쫓아다니며 볼펜, 수첩 등 눈에 띄는 것마다 달라고 한다. 같이 사진 찍히기를 좋아하고 찍은 사진 속의 자기들 모습을 보고 매우 즐거워한다. 만델라 대통령 이후 인종차별정책이 없어졌다고는 하지만 아직도 전기, 수도 등 기반 시설이 안 되어 있어 인구수에 비해 턱없이 부족한 공동 수도, 낡은 양철로 된 집, 흑인들이 사는 누추한 방, 여관들을 둘러보는데 마음이 편치 않다. 인권이라는 낱말이 도저히 발붙일 수 없는 환경이다.

여기저기 기념품을 파는 노점들도 있고 캐비닛 같은 곳에서 구멍가

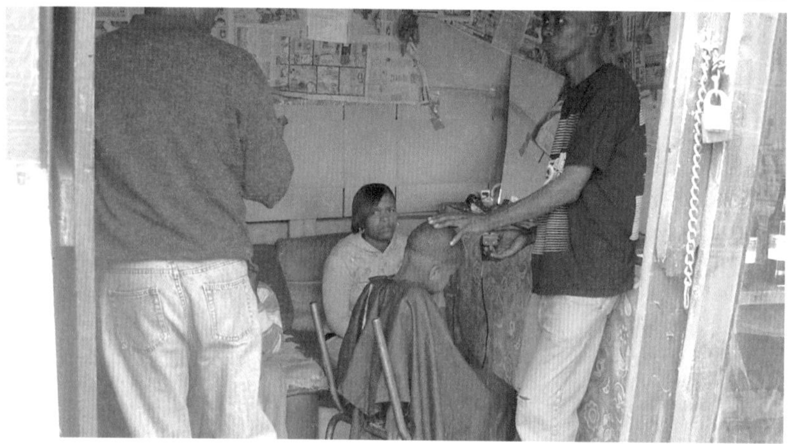

게, 미용실 등을 하고 있기도 하다. 요새 개발되고 있는 지역의 단층으로 신축한 주택가가 바로 옆의 흑인들이 거주하는 열악한 판자촌과 대비된다. 랑가의 흑인 거주지역과 시장을 벗어나 흑인들이 많이 이용한다는 식당을 갔는데 사람들로 북적이고 모두들 즐겁게 식사를 하고 있다. 이들은 어느 정도 생활이 되는 사람들이겠지. 바로 전에 가슴 아프게 보았던 마을 실태와는 다르다.

우리는 음료를 각자 구입하고 닭고기구이와 돼지고기구이와 폴리쥐(곡식 가루를 반죽한 주식)로 식사를 하는데 식당에서 맥주를 팔지 않는다. 맥주는 다른 곳에서 사와야 한단다. 이것으로 이 지역 관광을 끝내고 본격적으로 트럭여행을 위한 준비로 식재료, 잡화 등을 구입하기 위해 테이블 뷰로 이동하니 이미 우리 트럭은 그곳에 와 있고 20명이 며칠 먹고 사용할 식재료와 물건들이 수레마다 가득 실려 있는 것이다. 그런데 삼미와 토니가 쇼핑센터에서 이 물건들을 구입하는 동안 트럭 뒤에 실어 놓은 커다란 예비 타이어 2개를 도난당했단다. 그 크고 무거운 타이어를 떼어가다니….

오샘과 나도 물 5L, 1L, 700mL짜리 1병씩 모두 3병과 약간의 간식거리, 휴지를 구입하므로써 장기간 트럭여행을 위한 준비를 했다. 구입한 물건들을 모두 트럭 요소요소에 잘 정리하여 싣고 오후 2시 반쯤 출발하였다. 우선 아카시아회사에 가서 예비 타이어를 다시 받은 후 3시쯤 본격적으로 웨스턴 케이프(시트러스달)를 향해 출발하였다. 목가적인 풍

요로운 풍경이 계속 이어진다. 이렇게 맑고 아름다운 풍경이 드러나는 좋은 날씨인데 케이프타운에 있는 동안 왜 그렇게 비가 계속 오고 바람 불고 그랬는지 모르겠다. 저녁 6시 반이 되어서 도착하였는데 아직은 환하다. 트럭 바깥으로 나오니 또 어찌나 세찬 바람이 불고 추운지 오늘부터 텐트를 치고 자야 하는데 추워서 어쩌나 하는 걱정이 앞선다. 우선 텐트 설치하는 방법을 가르쳐 준 후, 각자 텐트를 설치하고 식당에서 저녁식사를 하는데 오늘 저녁은 여행을 시작하고 처음 갖는 식사시간이어서 우리가 식사 준비를 하지 않고 이곳 캠프에 부탁한 것 같다.

저녁 메뉴는 닭고기 감자요리, 밥, 빵, 달콤한 후식으로 오샘과 나는 그동안의 어느 여행 때보다 너무 잘 먹은 것 같다. 식사 후 주인이 여러 개의 빈 와인잔을 식탁에 놓으니 모두들 눈치 채고 슬금슬금 바깥으로 나간다. 텐트에 오니 시간은 밤 9시 30분이다. 필요한 물건들을 꺼내려니 모든 짐들이 뒤죽박죽되어 정신이 없다. 결국 샴푸로 세수하는 일이 벌어졌다. 샤워장은 온·냉수 시설이 있고 시설도 깨끗하지만 오샘과 나는 찬바람이 세게 불고 샤워장 한쪽 벽 윗부분은 창문이 없어 추워서 샤워할 엄두를 못 냈다.

밤하늘에 별이 가득하고 유난히 밝다. 별들이 금방이라도 우수수 쏟아져 내릴 것만 같다. 마치 그동안 보아왔던 별보다 더 많은 별들을 한꺼번에 만나는 것 같다.

오늘 밤은 별들을 이불 삼아 자야겠다. 축축하지 않은 잔디 위에 텐트를 설치해서 그런지 텐트 안이 생각보다 냉기가 없는 편이다. 텐트 안에서의 첫 밤이다. 앞으로의 여정이 즐겁고 순조롭게 잘 이루어지겠지.

– 하쿠나 마타타(다 잘 될거야) –

2009년 11월 15일(일)

# 트럭여행에서의 일상생활

웨스턴 케이프Western cape 오전8:50 출발 ··· 오렌지 강Orange River의 가리프 Gariep 남아프리카 공화국 오후3:30 도착

새벽 5시가 되니 텐트 바깥이 환해진다. 6시쯤 트럭 문을 열어 주어 어제 못 찾은 물건을 다시 찾아봤는데 역시나 없다. 저녁때 또 한 번 배낭 속을 뒤집어 짐과 씨름을 해야 할 것 같다. 7시 아침밥을 먹었는데 훌륭하다. 식사 후 텐트 접는 방법을 가르쳐 준 후 부지런히 각자 정리한 텐트, 식탁, 의자와 설거지한 그릇, 조리기구들을 트럭에 싣고 나서 8

시 50분 오렌지 강으로 향해 출발하였다.

트럭이 출발한 후 트럭에서 가이드는 팀을 짜서 각 팀들이 분담해야 할 일들을 정해주었다. 여행기간 계속 분담하는 일은 cleaning, packing, cooking, washing으로써 각 팀들이 매일 돌아가면서 분담하는 것이다. 우리 팀은 타라, 스티븐, 오샘, 나 이렇게 4명이다. 나는 요리가 걱정된다. 식재료를 씻고 다듬고 썰고 물 떠오고 하는 요리 보조를 열심히 하는 수밖에 없다. 처음 맡은 일이 요리가 아니라 다행이다.

아르헨티나처럼 지평선이 그려지는 넓은 평원은 아니지만 어제와 달리

메마른 대지가 이어지는데 따가운 햇살이 내리꽂히니 더 거칠고 황량해 보인다. 1시간쯤 달리니 마을이 있다. 이런 거칠고 메마른 곳에서 살아내는 걸 보니 인간의 생명력도 대단한 것 같다. 조금 더 가더니 아무것도 없는 벌판에 차를 세우고 여자는 이쪽, 남자는 저쪽에서 볼일을 보란다. 허가된 노상방뇨인 셈이다. 좀 더 이동하니 허허벌판 땡볕에 그늘을 드리운 나무 한 그루가 우뚝 서 있는데 그 나무 아래 자리를 잡는다.

12시 30분이다. 각 팀마다 맡은 역할들을 일사불란하게 행동하니 점심 식탁이 금방 차려진다. 트럭에 싣고 간 물로 20명이 손 씻고 점심 준비에 필요한 야채를 씻고 설거지까지 다 마친다.

식사 후 설거지한 조리도구, 그릇, 설거지통, 남은 식재료, 양념통, 식탁, 의자 등을 트럭의 제 위치에 정리 정돈하여 실은 후 여정이 이어진다. 사막화가 이루어지고 있는 지형인지 전혀 물기 없는 거친 돌로 된 산과 평야가 이어지더니 점점 그나마 돌의 크기가 작아지는 것 같다. 그렇게 1시간 정도 달리니 주변이 거칠고 메마르긴 마찬가지인데 녹색의 밭이 보이고 역시 풀 한포기, 나무 한 그루 없는 산 밑에 마을이 나온다. 마을이 있는 걸 보니 이런 메마른 지역에도 어딘가 물이 있는가 보다.

나미비아 국경 가까운 쪽으로 가니 역시 산은 풀 한 포기 없는 흙산인데 그 아래 물이 흐르고 그 물줄기를 따라 키 작은 나무들과 물풀들이 녹색을 띠고 있다. 수로도 보이고 오렌지 강 지류인가 보다.

그렇게 거친 벌판을 달리더니 마치 오아시스 같은 무화과와 망고나무가 있는 건물이 보인다. 오늘 우리가 묵을 캠프인 것이다. 물론 캠프 공사에는 주로 흑인들이 동원되었겠지만 언제, 왜, 이런 곳에 캠프를 설치할 생각을 했는지 참 여유로운 사람들 같다.

오후 3시 30분 태양이 뜨거운 열기를 내뿜는데도 불구하고 캠프에 도착하자마자 모두들 텐트들을 설치한다. 매일 이렇게 캠프에 도착하자마자 모든 사람들이 2인 1조가 되어 텐트를 설치하고 다음날 아침 일어나자마자 텐트를 걷어야 한다. 모두들 더위를 식히려고 오렌지 강으로 수영하러 간 사이 오샘과 나는 또 짐과 씨름을 하고 샤워도 하고 밀린 빨래도 하고 나니 개운하다. 식사 준비를 하는 동안 배구를 하기도 하고 이야기를 나누는 사람들도 있고 아주 자유로운 분위기이다.

오늘 요리 팀은 저녁 메뉴로 스파게티를 준비했는데 오늘도 8시 50분 되어서야 저녁식사가 이루어지고 내일 일정에 대한 삼미의 설명이 끝나자마자 모기의 공격 때문에 얼른 텐트 안으로 들어갔다. 이렇게 아프리카에서의 트럭여행을 시작하는 것으로 하루가 마무리되었다.

2009년 11월 16일(월)

# 피시 리버 캐년: 일몰 광경 장관

오렌지 강Orange River, 남아프리카공화국 오전8:40 출발 ···› 피시 리버 캐년Fish River Canyon, 나미비아 오후1:30 도착

날이 밝아지면서 하나, 둘 텐트 문을 열고 나와 텐트를 접느라 부산하다. 아침식사 준비는 어느새 다 되어 간다.

오늘 우리 팀은 청소 담당이다. 기껏해야 차 바닥의 흙을 쓸어내고 대걸레로 바닥 닦아내는 일이지만 낮에 점심식사를 준비하는 시간에 부지런히 트럭 청소를 해야겠다. 행복한 표정들을 가득 실은 채 우리 트럭은 8시 40분쯤 피시 리버 캐년을 향해 출발하였다. 캠프를 벗어나니 역시 사막이 계속 이어진다. 하늘을 향해 손을 뻗은 모습이 귀여운 바오밥 나무만이 이 사막의 주인인양 가끔 서 있다.

9시부터 약 30분 걸려 남아프리카공화국 국경을 지나 오렌지 강을 넘어 나미비아 국경을 통과한 후 슈퍼마켓에 들러 모든 팀원들을 위한 식재료, 소모품은 물론 각자 며칠간 필요한 물건을 준비하였다. 슈퍼마켓에서는 남아프리카공화국의 지폐만 받고 동전은 받지 않는데 그 옆에 있는 음료수와 술만 파는 매장에서는 남아프리카공화국 동전을 받아 다행이다. 다시 10시 30분쯤 출발하여 사막지대를 계속 달려가는데 어제와 달리 마을이 전혀 보이지 않고 도로도 비포장도로다.

오후 1시 30분쯤 사막 가운데 있는 캠프에 도착하여 점심식사를 준비하는 동안 텐트를 설치하느라 부산하다. 잔디가 없어 맨땅에 텐트를 쳐야만 한다. 점심식사 후 2시간 정도 쉬었다가 캐년의 일몰 광경을 보러 가기로 했는데 젊은이들은 푹 쉴 생각은 안하고 더위를 참지 못해 그 2시간 동안도 수영장으로 향해 달려간다.

삼미는 저녁식사를 준비하느라 잠시 아쉬운 이별을 하고 우리가 캐년을 가는데는 토니가 인솔했다. 우리 일정이 늦게 끝나거나 무리한 일정일 때는 가이드나 운전기사가 식사 준비를 하는 것 같다. 4시 30분 출발한 트럭은 사진 찍기 좋은 장소에서 잠시 우리를 내려 주었다가 다시 제1 전망대 근처에 우리들을 내려준다. 내 눈 아래 쫙 펼쳐진 세계에서 2번째로 장대한 협곡의 웅장함을, 경외심을 갖게 하는 이 캐년의 광경을 어떻게 다른 사람에게 전달할 수 있을까. '와서 보라'는 수밖에. 돌무덤을 지날 때 오샘과 나는 이번 여행이 즐겁고 무사히 끝나기 바라며 돌무덤 위에 납작한 돌을 하나씩 얹었다.

장대한 캐년을 따라 제1 전망대를 거쳐 일몰 광경이 가장 아름답다는 제2 전망대까지 가니 자연의 마술을 기대하며 모두들 움직일 생각을 안

한다. 오샘과 나는 잠시 쉬었다가 6시쯤 다시 제3 전망대의 중간까지만 갔다 오는데 해가 지는 쪽의 반대편 북동쪽의 노을이 드러나는 사막 풍경이 한없이 마음을 풍요롭게 하는 것 같다. 환상적이면서도 뭔가 숙연해지고 압도당하는 느낌이다. 어떤 화가도 그려내지 못하는 자연의 신비한 분위기이다. 마치 인디아나 존스와 같은 영화의 한 장면 같다. 다시 제2 전망대로 오니 일몰을 가장 잘 조망할 수 있는 위치를 잡으려고 모두들 애쓰고 있다.

7시 15분. 자연만이 표출해낼 수 있는 사막의 캐년 너머로의 웅장한 일몰을 감히 공손한 마음으로 지켜볼 수밖에 없다. 장관이다. 캐년 너머로 환상적인 잔상이 사그라질 때까지 우리도 같이 빨려 들어가는 느낌이다. 우리도 돌아가야지, 모두들 아직 일몰의 감동에서 벗어나지 못하고 들뜬 기분들이다.

제2 전망대까지 와서 기다리고 있는 트럭버스로 캠프에 오니 삼미는 혼자 20명분의 맛있는 저녁상을 차려놓았다. 트럭여행의 가이드와 운전기사는 요리사자격증도 있는 건지 요리 솜씨가 아주 좋다. 다행히 사막에 친 텐트 바닥이 냉기는 없었다. 피곤한지 모두들 빨리 잠든다.

---

2009년 11월 17일(화)

## 사막에서 자유롭게 생활하는 동물을 처음 만남

[ 피시 리버 캐년Fish River Canyon 오전7:00 출발 ··· 세스리엠Sesriem 나미브 나우크루프트Namib Naukluft국립공원 오후4:00 도착 ]

북쪽으로 향해 오늘은 하루 종일 이동하여야 하기 때문에 서둘러 아침 7시에 출발하였다. 이동하고 있는 도로의 왼쪽은 다이아몬드 산출지역이라 함부로 들어갈 수 없단다. 아침식사를 할 때 원숭이 2마리가 캠프에 나타나더니 우리가 출발한 지 얼마 되지 않아 타조 2마리가 메마른 거친 사막에서 뛰어가고 이름 모르는 동물들이 순진한 표정으로 우리 트럭버스를 물끄러미 쳐다보고 있다. 정말 이런 모습이 아프리카인가보다. 아프리카에 와 있다는 것이 더욱 실감난다. 생명력이 없어 보이는 이런 거친 사막에서 동물들 아니 생명체들이 산다는 것이 신기하다. 예상치 못했던 동물들 출현에 모두들 환호성이다.

나미비아에 독일인들이 와서 제일 처음 세운 교회가 있는 작은 마을 Heimering Hausen에서 잠시 쉬면서 슈퍼마켓에서 부족한 식품을 구입하고 우리를 태운 트럭버스는 비포장도로를 따라 계속 회색빛의 거칠고 물기 하나 없는 사막지대를 열심히 달려간다. 바깥은 햇빛이 사막 땅을 하얗게 보이게 할 정도로 강렬하다. 극히 드물게 양떼들이 보이기도 한다.

기찻길도 있고 황금빛 부드러운 양탄자를 깔아 놓은 듯한 목초지가 푸근하게 드러나기도 하고 그 주변을 낙타의 등 같은 부드러운 모래빛 사막산이 여러 모습으로 둘러있다. 역시나 나무 그늘을 만들고 있는 커다란 아카시아 나무 아래 자리를 잡고 점심식사를 한 후 길 떠날 채비를 한다.

아카시아 나무에 자리잡은 새 둥지

이제는 나무 그늘에 트럭버스를 세우면 식탁 꾸미고 식사준비를 하고 의자 갖다 놓고 손 씻을 물 준비하고 식사 마치면 곧 설거지 및 정리정돈, 트럭버스에 짐 싣기 등이 50분이면 완료될 정도로 척척 이루어진다. 또 벌판에 관목들이 좀 무리지어 있으면 트럭버스를 세우고 알아서 볼일들을 본다. 적자생존까지는 아니고 적응이 매우 빠르다. 흙먼지를 일으키며 비포장도로를 심하게 덜컹거리며 열심히 달리더니 4시쯤 국립공원 안의 사막 한가운데 있는 세스리엠의 캠프에 도착해서 또 집 한 채를 지었다. 오늘 저녁식사를 준비하는 팀들은 여유 있게 화기애애한 분위기로 식사 준비를 한다. 텐트에서 내다보이는 풍경이 너무 아름답다. 사막에 서 있는 아카시아 나뭇가지 사이로 서편의 해가 비치고 저물어 가는 따가운 햇빛을 반사하여 아카시아 나무들 사이로 드러나는 트럭버스의 모습이 아주 운치가 있다. 캠프 주변 자체가 대지를 아름답게 그린 그림 같은 풍경이다. 내일 모래언덕을 걸어 올라가 일출을 본 후 내려와서 그곳에서 아침식사를 하고 이어서 모래사막 트래킹을 해야 하는 강행군이 될 것 같다. 모두들 일찌감치 잠을 청하러 텐트로 간다.

이 여행을 계획할 때는 젊은 사람들이 모여서 밤에 안 자고 시끄럽게 하면 어쩌나 하는 걱정도 했었는데 전혀 아니다. 정말 이런 여행을 즐기는 젊은이들인 것 같았다. 저녁식사와 다음날 출발시간과 일정에 대한 가이드의 설명이 끝나면 보통 9시 30분~10시쯤 되니까 늦어서인지 가이드 설명과 설거지와 정리정돈만 끝나면 항상 모두들 텐트로 가기 바쁘다. 여우와 자칼이 나타날 수도 있으니 신발은 모두 텐트 안에 들여놓으라고 한다.

오샘은 일서가 보고 싶단다. 어찌하오리까.

2009년 11월 18일(수)

# 일출이 빚어내는 환상적인 사구의 풍경, 모래사막 트래킹

[ 오전4:30 세스리엠Sesriem의 소수스브레이Sossusvlei에서 일출, 모래 사막트래킹 ⋯› 세스리엠Sesriem 오후2:00 출발 ⋯› 솔리타이레Solitaire 도착 ]

세계에서 가장 오래된 사막, 제일 높은 모래언덕에 올라 일출을 보기 위해 새벽 4시 30분에 서둘러 출발하였다. 어둠을 헤치고 트럭버스는 1시간쯤 달리더니 모래언덕 입구에 우리를 내려준다. 이미 트럭, 지프 등 몇 대가 와 있다. 주위가 밝아지면서 눈에 들어오는 모래언덕들이 만들어내는 풍경이 가히 압권이다. 꿈을 꾸고 있는 것 같다.

바람 방향에 따라 예리하면서도 부드러운 곡선으로 사막물결을 이루며 여러 형태의 높은 모래언덕들을 형성하고 있다. 그중 가장 높은 사구의 높이는 300m에 달한단다. 모래언덕의 뾰족한 능선을 따라 부드럽고 고운 모래를 밟고 모래 언덕을 올라가는 일이 쉽지는 않다. 내 발바닥이 낙타 발바닥처럼 생겼다면 좀 더 쉽게 올라갈 수 있을까 하는 생각을 하면서 올라가는데 맨발로 올라가는 사람들도 있고, 푹 빠지면서 미끄러지기도 하면서 올라가는데 꼭대기 능선을 따라 저절로 한 줄이 이루어지면서 올라가는 모습이 마치 개미떼가 열을 지어 계속 꾸물꾸물 올라가는 것 같다.

태양이 떠오르면서 부드러우면서도 날카로운 언덕을 해가 비추는 부

분과 언덕 넘어 해가 비추지 않는 부분의 명암으로 모래언덕은 더욱 환상적인 분위기를 자아낸다.

언덕 꼭대기에 서 있으니 동시에 내 몸의 앞부분은 햇빛을 받아 따뜻하고 등은 서늘하니 춥다. 햇빛의 영향이 대단한 것을 새삼 느낀다. 나무 한 그루, 풀 한 포기 없는 생명력이 없어 보이는 모래언덕은 만물의 영장인 인간을 완전히 압도한다. 같은 시대의 세상의 모습이 이렇게 다양하다니. 모래언덕을 따라 한 줄로 계속 올라가는 사람들의 모습과 모래언덕과 주변에 드리워진 어스름이 어우러져 그려내는 광경이 또한 감동적이고 장관을 연출하고 있다. 이런 풍경이 사라지지 말고 영원히 지속되었으면 한다.

모래언덕에서 내려오니 토니가 푸짐하게 아침식사를 준비해 놓고 기다리고 있다. 아침식사 후 모래사막 트래킹에 나섰다. 출발 전에는 땡볕에 남들과 보조를 맞추며 모래를 걸어갈 수 있을까 걱정을 했는데 현지 가이드가 설명을 하면서 이동하기 때문에 생각보다 힘들지는 않았다.

생명체가 없어 보이는 높게 쌓인 고운 모래언덕 속에서 작은 도마뱀 한 마리가 나오더니 곱고 매끄러운 모래언덕에 자기 발자취를 남기면서 계속 이동한다. 신기하다. 드문드문 아카시아 나무와 줄기만 앙상하게 남은 아카시아, 이름 모르는 작은 나무들이 있고 건조한 지역이어서인지 나무들이 거의 모두 가시가 있다. 나무도 말랐고 꽃도 바짝 말라서 죽은 나무인 줄 알았는데 꽃에다 물을 축여주니 꽃봉오리가 벌어진다. 마치 마술을 부리는 것 같다. 눈에 띄지 않을 정도의 아주 작은 꽃들이 숨어있는 듯 앙증맞게 피어있기도 하다. 작고 동글동글한 동물 똥들이 많은 것을 보면 이런 곳에도 살아있는 생태계가 엄연히 존재하는 것 같다.

모래사막 언덕이 빙 둘러 있는 분지 같은 곳에 희끗희끗한 회색빛 천연 염전이 바닥을 드러내고 있다. 염전 바닥에는 아카시아 나무들도 있고 밑동만 남은 죽은 나무들, 죽은 나무토막들도 있다. 이 사막지대가 옛날에는 바다였던 곳인가 보다. 믿기지 않는다. 푸른 바다가 높은 황금빛 모래사막으로 변하다니. 높은 모래언덕을 타고 아래로 내려와 보니 올라갈 때보다 쉬운 것 같다. 내려온 모래언덕을 올려다보니 내가 이렇게 높은 언덕을 내려왔다는 것이 신기하기만 하다. 이렇게 2시간 30분에 걸친 사막 트래킹을 끝내고 캠프에 오니 12시다. 새벽부터 극기 훈련을 해 피곤하고 더운데 요리 담당 팀은 부지런히 점심을 준비한다.

점심식사 후 2시에 국립공원 내의 솔리타이레에 있는 스위쉬컨트리 로지로 이동하는데 잠이 쏟아진다. 트럭에서 음악을 틀지 않는 것을 보니 모두들 어지간히 피곤한가 보다.

이 숙소에 갈대발 비슷한 벌판이 바람에 부드러움을 더하고 석양과 어우러져 아름다운 풍경이 펼쳐진다. 모두들 해가 가라앉는 광경을 감동스런 표정으로 바라보고 있다. 오늘 사구에서의 모든 체험, 일출 때 사구에 드러나는 오묘한 광경, 주변에 둘러있는 사구들이 자아내는 자연의 신비함은 바람에 살랑이는 부드러운 갈대밭 주변에서의 일몰 풍경과 더불어 영원히 잊히지 않을 것 같다.

오늘 저녁은 장작불을 피워놓고 바비큐 파티다. 삼미, 토니를 중심으로 모두들 저녁식사 준비를 돕는 모습이 즐겁고 화기애애하다. 모든 팀원들의 화목한 분위기가 여행의 즐거움을 더해 주는 것 같다. 저녁식사 때 삼미가 내일 일정을 알려주면서 내일과 모레는 백패커에서 머무르기 때문에 텐트 신세를 면하게 해준다니까 일제히 환호성을 한다. 드디어 오늘부터 말라리아약을 먹어야 한다는 부담도 생겼다.

---

2009년 11월 19일(목)

## 남회귀선 지나다

[ 솔리타이레Solitaire 오전7:40 출발 ···› 스와코프문드Swakopmund 정오12:00 도착 ]

나미비아에서 2번째로 큰 도시이고 스와코프강 하구 대서양 연안에 있는 해안도시 스와코프문드를 가기 위해 아침 7시 40분 솔리타이레에서 서북쪽을 향해 출발하였다.

아침부터 뿌연 흙먼지를 일으키며 비포장도로를 열심히 달리다 보니 길가에 있는 기둥에 구두 한 켤레가 걸려있다. 부시맨들이 사는 곳으로 가는 입구를 표시한단다. 이어 사막의 근원이 될 수 있는 Tropic of Capricorn 표지판이 나온다.

우리도 이곳에서의 열기를 느껴보느라 자동차 밖으로 나왔다. 눈이 부실 정도의 태양빛을 온몸으로 받으며 모두들 하늘을 향해 팔짝팔짝 뛰어오르면서 사지를 쭉쭉 뻗는 포즈를 사진기에 담고 광석들이 있는 곳에서 잠시 머물렀다가 열심히 달린다.

아침부터 2시간 정도 달리다 보니 그렇게 덥던 날씨가 자동차 안에서도 이제는 옷을 더 걸쳐야 할 정도로 쌀쌀해졌다. 2시간 사이에 그런 온도 변화가 일어난 것이다. 이런 것이 사막기후인가 보다.

아침에 출발한 후 4시간 만에 웰비스 베이에 닿았는데 바람이 매우

세고 차다. 회색빛이 도는 거칠고 메마른 사막지대, 모래빛의 고운 모래 사막 지대에서 계속 지내다가 대서양의 깨끗한 파란빛을 보니 마음이 다 시원해지는 것 같다. 하얀 물거품을 일으키는 에메랄드빛 바다 위에서 무리를 지어 한껏 날갯짓하는 수많은 홍학들을 보니 오랜만에 움직이는 생명체를 보는 것 같은 기분이다. 비로소 생명력을 느낀다.

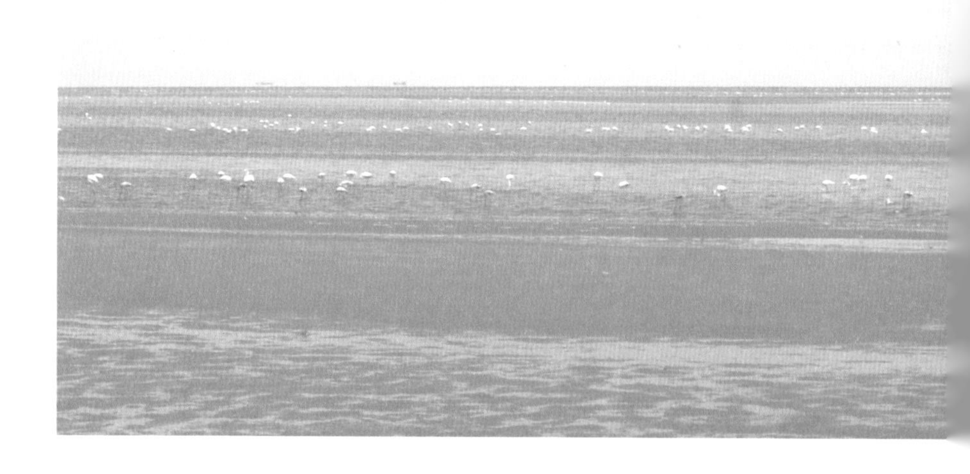

스와코프문드의 백페커에 도착하니 낮 12시다. 모처럼 보래도 뒤범벅이 된 세탁물들을 모두 챙겨 세탁 맡기고 오후를 느긋하게 보냈다. 저녁 식사는 이탈리안 식당에서 한단다. 이래저래 신들이 났다.

오후가 되니 어찌나 추운지 반팔, 반바지 차림이었다가 긴팔, 긴바지는 물론 두꺼운 내피, 방풍 잠바까지 껴입어야만 했다. 이탈리안 식당에 가서 식사를 하는데 오늘이 토니 생일이란다. 한껏 멋을 내고 나온 토니를 위해 겸사겸사 간단히 생일 축하파티까지 했다. 생일 축하 케이크를 자르며 모두들 토니! 토니! 축하! 축하!

저녁식사 후 bar로 갔는데 입구에서 소지품 검사를 철저히 한다. 모처럼 bar에 갔는데 앉을 자리가 없어 오샘과 나는 먼저 숙소로 돌아올 수밖에 없었다. 사실 오늘 저녁 식당에 갈 때 오샘과 나는 약간의 축하공연 같은 것이 있지 않을까 하는 기대를 하고 갔었는데, 우리는 숙소를 찾아오는데 거리는 깜깜하고 길을 헷갈려 꽤 애먹고 힘들게 왔다.

피곤해서 그런지 bar분위기가 별로였는지 bar에 있던 팀원들도 모두 얼마 지나지 않아 들어왔다.

---

2009년 11월 20일(금)

## 스와코프문드 Swakopmund

오늘 아침은 숙소에서 제공하는 식사를 8시에서 9시 사이에 하게 되어있어 아침식사 전에 오샘과 나는 바닷가에 갔다 왔다. 거리도 바닷가에도 아무도 없고 조용하다. 나미비아의 제2의 도시이지만 모두 걸어 다닐 수 있는 크기여서인지 택시 이외의 대중교통이 보이질 않는다.

스와코프문드는 독일 식민지 때 바둑판 모양으로 일정하게 구획된 도시인데 도로 폭이 매우 넓고 비포장이 대부분이다. 거의 모두가 1층 또는 2층 건물이고 도시가 안정감 있어 보인다. 교통신호가 주요도로에만 있다.

집을 떠나온 후 처음으로 애들한테 안부 전화하는데 들려오는 애들 목소리에 귀가 번쩍 열리는 것 같고 매우 반갑다. 특히 일서 목소리를 들으니 너무 반갑고 보고 싶다. 애들한테 써 놓았던 엽서도 보냈다. 그런데 전화요금이 비싸다.

N 2118 S
RESIDENCE

1997
Cindeez
TUSK

시청 쪽으로 가서 풍물시장인 그라프트 마켓을 둘러보고 바닷가 쪽으로 가는데 어떤 흑인가족 전원이 머리부터 발끝까지 벌건 진흙색을 칠하고 관광객을 유인하는 모습을 보니 별로 좋아 보이지 않는다. 바닷가를 따라 숙소에 돌아오니 더운데도 불구하고 숙소 종업원들이 트럭과 트럭 안의 식기, 음식재료 보관 바구니 등 모든 살림살이를 부지런히 청소하고 있다. 이 도시도 다니면서 보니 큰집 주인들은 대개 백인이고 건물을 가꾼다든지 보수하는 일, 거리 청소 등 잡일을 하는 사람들은 대부분 흑인들인 것 같다.

2009년 11월 21일(토)

## 부시맨 채색 벽화

[ 오전9:00-10:20 스와코프문드Swakopmund ···› 정오12:00-오후2:30 케이프 크로스 실 콜로니Cape Cross Seal Colony ···› 스피츠코페Spitzkoppe 오후4:30 도착 ]

오늘은 이동거리가 멀지 않아 느지막이 9시쯤 출발해서 시내에서 1시간 쇼핑시간을 가졌다. 오늘 캠핑할 곳은 물이 전혀 없는 곳이라 세수하고 마실 물을 각자 구입하고 필요한 식량을 보충하고 10시 20분쯤 케이프 크로스 실 콜로니로 향해 출발하였다.

12시쯤 대서양변에 있는 물개 서식지에 가니 물개들의 울음소리가 요란하고 지독한 냄새가 난다. 약 10만 마리 물개가 있다더니 과연 엄청난 수의 크고 작은 물개들의 생활모습을 볼 수 있었다. 새끼 물개가 엄마 찾아 3만리 하는 모습, 어미가 새끼를 물어 이동시키는 모습, 덩치 큰 물개가 배를 위로 드러내고 벌렁 누워 자는 모습, 마치 동상처럼 바위 맨 위에서 우아하게 앉아있는 모습, 묵직한 몸을 작은 네발로 뒤뚱거리면서도 빠르게 이동하는 모습 등등.

물개 서식지를 나와서 20분쯤 달리다가 풀 한 포기, 나무 한 그루 없는 물론 그림자도 전혀 없는 대로변 허허벌판 땡볕 모래밭에서 따끈따끈한 햇살을 등에 지고 점심식사를 했다.

점심식사 후 계속 북쪽으로 올라가 스피츠코페에 도착하니 4시 30분이다. 나무는 별로 없고 높이 1,700m인 황토색 바위 같은 벌거벗은 산이 자연 풍화에 의해 그 모습이 장엄함을 드러내고 있다. 그런 모습의 산들이 다투어 있다. 모래 빛의 바위 같은 산들이 보는 위치에 따라 마치 만물상처럼 다른 모습으로 드러나니 신비함을 안겨주는 것 같다. 그 주변은 황금빛 벌판이 부드러운 분위기를 더한다. 자연이 만들어 내는

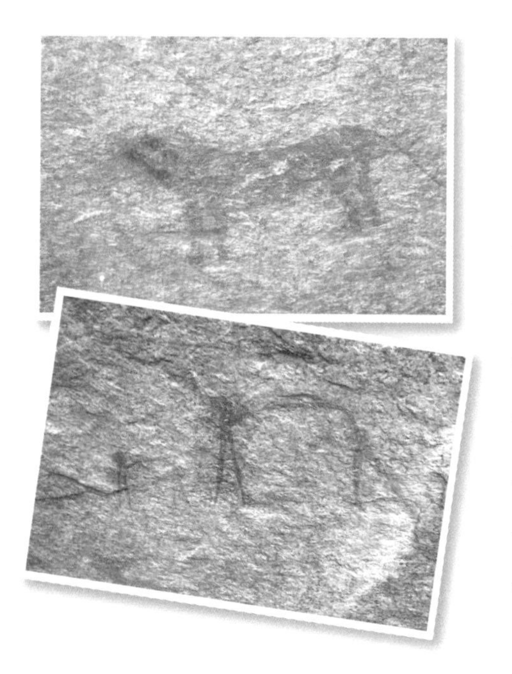

더할 나위 없는 포근하고 아름다운 풍경이다.

텐트를 설치하자마자 오지 중의 오지인 이런 곳에 부시맨들이 그린 채색 벽화들이 있는 곳으로 갔다. 여러 종류의 동물들, 창을 던지는 사람들을 그린 벽화들을 보니 당시 사람들의 수렵생활 모습을 알 수 있었다.

벽화가 있는 곳에서 나와 일몰을 잘 볼 수 있는 곳으로 가서 해 지는 광경을 보고 있는데 60대로 보이는 부부가 나무 그늘도 없고 물, 전기등 기본시설이 전혀 없는 그곳에 지프차를 타고 들어온다. 이곳에서 며칠째 캠핑하고 있었던 부부 같다. 필요한 물건을 조달해 온 것 같다. 오자마자 지프차에서 탁자, 의자를 꺼내 일몰을 잘 감상할 수 있는 위치에 배치한다. 부부가 의자에 앉아 있는 모습이 주변과 어우러져 넉넉하고 평화로워 보인다. 마치 "아웃 오브 아프리카"의 한 장면 같다.

이 깊은 산속에는 2개의 재래식 화장실 이외에 건물이나 인공적인 시설이 전혀 없다. 도마뱀들이 바위에서 왔다 갔다 한다. 밤에 어떤 동물이 나타날지 모르니 신발을 텐트 안으로 들여놓으란다. 무서워서 텐트 밖으로 한 발짝도 나가지 못할 것 같다.

준비해온 물로 식사 준비를 했다. 물론 양치와 식수는 각자 준비해온 물로, 세수는 물티슈로 해결하고. 저녁 8시 30분. 모닥불 피워놓고 저녁을 먹다가 하늘을 쳐다보니 그믐달이 걸려있다. 마치 처음 보는 그믐달처럼 새삼스럽다. 여행만 몰두하다 보니 날짜 개념이 없었는데, 오늘이 음력으로 그믐인 것이다. 별이 유난히 밝다. 공기가 청정해서 그런가 보다. 서울은 모두들 잠들어 있는 새벽이겠지. 사막의 바위산들 품에서 잠을 청했다.

---

2009년 11월 22일(일)

## 첫 게임 드라이브

[ 스피츠코페Spitzkoppe 오전7:00 출발 ···› 에토샤Etosha국립공원 오후12:30 도착 ]

에토샤국립공원을 향해 북동쪽으로 5시간은 가야 하기 때문에 서둘러 아침 7시 30분에 출발하였다.

아침 6시 어느 할아버지가 우리 18명을 상대로 팔려고 목걸이 몇 개를 땅바닥에 펼쳐놓는다. 어디나 사람 사는 곳은 마찬가지다. 그런데 그 할아버지는 얼마나 새벽같이 출발해서 여기까지 걸어왔을까. 안쓰러운 생각이 든다. 바빠서 그런지 아무도 관심 없고 사는 사람도 없다. 슈퍼마켓(spar)에서 모자라는 식량을 구입한 후 부지런히 포장도로, 비포장도로를 달린다. 북쪽으로 올라갈수록 황량하고 메마른 땅 대신 모바네, 아카시아 등 관목들이 숲을 이룬다.

에토샤국립공원 쪽으로 갈수록 포장도로이고 휴양지답게 캠프들이 보인다. 12시 30분 오카우쿠에조에 도착하니 모두들 더위에 지쳐 있다. 어느새 언제 그랬냐는 듯 쌩쌩하게 텐트를 설치하고 부지런히 점심을 준비해서 먹고 나서 2시 30분부터 게임 드라이브에 나섰다.

공원은 모바네, 아카시아들로 숲을 이룬 곳도 있고 지평선을 그리며 아주 광활한 메마른 땅에 황토빛 목초지만 펼쳐지기도 하는데 기린, 타조, 여우, 임팔라, 얼룩말 등 동물들이 트럭버스를 바라다보기도 하면서 여기저기 자유롭게 노닐고 있다. 동물원 우리에 갇혀 있는 동물들만 보다가 온통 주변을 자기 공간으로 알고 자유롭게 생활하는 동물들을 보니 인간과 동물들이 공존하고 있다는 것을 실감한다.

우리가 그들을 구경하는 것인지, 그들이 우리를 구경하는 것인지 모르겠다. 나름대로 엄연한 생존경쟁이 존재하겠지만 인위적인 어떤 구속도 받지 않고 마음대로 거닐고 주변에 먹이가 널려 있어 그런지 동물원의 동물들보다 여유로워 보인다. 저 메마른 대지에는 우리가 미처 보지 못한 살아 움직이는 생명체들도 있겠지. 투명하고 맑은 파아란 하늘이 이 초원의 풍경을 더욱 평화롭게 보이게 한다.

2시간에 걸친 게임 드라이브를 끝내고 캠프에 오니 더워서 텐트를 설치하자마자 너도나도 샤워장으로 향한다. 이곳에서는 2일간 묵기 때문에 밀린 빨래를 할 수 있어 다행이다. 자칼이 마치 개처럼 아무 부담 없이 텐트 사이를 왔다 갔다 한다. 역시 이곳에서도 밤에 신발을 내놓지

말라고 한다. 어두워져 캠핑장 전등에 불이 켜지고 조용해지니 짐승들, 새들, 풀벌레들이 떠드는 소리가 요란하다. 텐트 문 사이로 보이는 밤하늘의 별들을 바라다보다 잠이 들었나 보다.

텐트 안의 매트가 낮 더위에 달궈진 지열로 따뜻하더니 새벽이 되니 바닥이 찬 기운이 돌고 추워진다. 아프리카 내륙은 하루 일교차가 매우 큰 것 같다. 또 어쩔 수 없이 침낭 신세를 졌다.

---

2009년 11월 23일(월)

## 에토샤Etosha국립공원에서 게임 드라이브

일찌감치 아침 6시 30분 게임 드라이브에 나섰다. 천연 염전 주변의 대평원에서 마음껏 생활을 영위하는 기린, 임팔라, 톰슨가젤, 쿠두, 얼룩말, 버펄로, 코끼리 등 여러 동물들이 눈에 띌 때마다 모두들 즐거운 표정으로 사진기 셔터를 눌러대느라 바쁘다.

3시간 30분에 걸친 게임 드라이브를 할 정도로 에토샤 국립공원은 대평원처럼 넓다. 아침시간인데도 어느새 뜨거운 햇빛이 대평원에 쏟아진다. 눈이 부실 정도로 작렬하는 햇빛이 내리꽂히는 아무것도 없는 천연 염전에 들어갔다. 4500㎢ 에 달하는 천연 염전의 극히 일부분에 내 작은 발을 딛고 서 있으니 대자연의 오묘함에 넋을 잃는다.

다른 캠핑장 쪽에 가서 점심을 차려 먹고 그곳에 있는 워터홀에 가니 그 더운 날씨에 물을 먹으러 여러 동물가족들이 모여드는 모습이 정겹고 아주 아름답다. –家和萬事成–.

2시간을 쉬는데 너무 더워 휴게소 그늘을 벗어나고 싶지 않다. 그런데 휴게소 안도 열기가 점점 달아오른다. 오후 2시 30분 공원 안의 다른 쪽으로 게임 드라이브에 나섰다. 이름 모르는 여러 종류의 새들이 많다. 넓은 대지 위를 덩치 큰 타조가 날개를 벌리고 뒤뚱뒤뚱 걸어가는 뒷모습이 귀엽다. 게임 드라이브에 나선지 1시간 40분 만에 조그만 물웅덩이에 코끼리 3마리가 보인다. 모두들 덩치 큰 코끼리 출현에 흥분되고 놀라움으로 코끼리의 여러 표정을 놓칠세라 사진을 찍느라 바쁘다. 오후 게임

드라이브에서는 코끼리 가족의 출현이 가히 압권이었다.

코끼리 가족을 뒤로 한 채 그곳에서 캠프까지 오는데 차로 1시간이나 걸리니 동물들이 마음껏 생활하는 에토샤국립공원이 어제와 오늘에 걸쳐 다닌 것만으로 짐작해도 굉장히 넓은 것이다. 캠프에 오니 5시 30분. 차 안에만 있었는데도 더위 속에 다니다 보니 텐트 생활하는 주제이지만 우리 캠프만 보아도 마음이 놓인다.

더워서 텐트 문을 모두 열어 놓고 게임 드라이브를 하고 왔더니 텐트 안에 모래가 많이 들어와 있다. 땀을 뻘뻘 흘리며 모래를 치우자마자 샤워와 빨래를 하고 워터홀에 가니 일몰 광경을 보려고 많은 사람들이 이미 자리 잡고 있다. 해가 기울면서 점점 여러 동물가족들이 떼 지어 워터홀에 와서 물을 먹고 가는데, 워터홀 주변에 그려지는 일몰 풍경이 더없이 신비롭다.

9시나 되어서야 저녁식사가 시작되었다. 어제 왔던 자칼인지 오늘도 어두워지고 나서 우리 캠핑장을 계속 왔다 갔다 한다. 오늘도 신발을 텐트 안에 들여 놓고 자야 한다. 내일 우리 조가 요리 담당인데 아침식사를 7시에 한다니 덜 바쁠 것 같다. 다행이다.

SWABOU
omentum

2009년 11월 24일(화)

# 텐트 아닌 백패커에서 숙식

[ 오카우쿠에조Okaukuejo, 에토샤 국립공원 오전8:30 출발 ···› 빈트후크Windhoek 오후 3:00 도착 ]

우리 조가 요리담당이라 남들보다 일찌감치 서두른 덕분에 모처럼 텐트도 빨리 정리되었다.

나미비아 수도 빈트후크로 향해 아침 8시에 출발하였다. 에토샤에서 30분 정도 게임 드라이브를 하고 빈트후크로 가는 길은 모두 포장도로이고 관목들이 많은 평야와 산들이 이어진다. 거의 10일 동안 계속 주변을 뒤덮었던 황량한 사막지대가 아니다. 또 나무들 사이로 커다란 탑을 쌓아 올린 개미집들이 유난히 많다.

Otjiwarenge를 지나는데 오래되고도 깨끗한 도시들이다. 슈퍼마켓도 어느 도시나 깨끗하고 크고 슈퍼마켓에 진열되어 있는 상품들, 패스트푸드점들, 24시 편의점 등이 어느 나라나 거의 비슷하다. 이런 걸 보면 세계는 지구촌이라는 게 실감나기도 하면서 각 나라의 특색이 없어지는 듯한 느낌이다. 빈트후크에 가까울수록 꽃들이 만발한 나무들이 많아진다.

오후 1시 30분쯤 빈트후크 가까이 있는 parking장에서 점심식사를 하고 빈트후크로 가는데 수도가 가까운 도로답게 다른 도로에 비해 왕래하는 차들이 많다. 높은 빌딩이 보이는 도시가 눈에 들어온다.

빈트후크에 도착하니 뜨거운 대낮 3시다. 빈트후크 시내에서 2시간 자유시간이 주어졌다. 100년 전 지은 옛 독일의 건물들이 아담하고 고풍스러운 모습으로 깨끗하게 단장되어 있는 시내가 아늑한 분위기이다. 나미비아의 수도이고 독일 식민지 때의 영향이 있어서인지 이곳도 우리가 흔히 갖고 있는 어려운 후진국 아프리카의 모습이 아니다. 거리에는 세련된 커리어우먼 옷차림의 흑인 여성들이 많다. 상가들도 선진국 못지않게 세련되게 꾸며져 있다.

팀원 중에 한사람이 늦어 걱정했는데 약속시간보다 30분 늦게라도 돌아와 다행이었다.

오늘은 텐트에서의 잠이 아닌 백패커에서 자는 행복을 맛볼 수 있는 날이다. 게다가 또 저녁을 먹으라고 1인당 100N$씩 생각지도 않은 외식비를 주어 우리는 너무 행복한 저녁시간을 갖게 된 셈이다. 어느새 모처럼 모두들 말끔한 복장으로 독일식 전통식당에 갔는데 먼저 음료가 나오고 1시간 30분 만에 음식이 나오는데, 우리만 아니라 대부분들 오늘

은 버스에서도 별로 떠들지 않더니 식당에서도 피곤해 하는 사람들이 많다. 전통 독일 식당에서의 좋은 경험인데 전에 이탈리아 식당에 갔을 때보다 흥이 덜 나 있다. 여행이 길어지면서 대부분 피곤이 누적되는 것 같다.

저녁 먹을 때 눈에 잠이 잔뜩 왔었는데 식당 밖에 나오니 잠이 깬다. 저녁식사를 끝내자마자 숙소에 오니 11시가 넘었다. 그나마도 우리와 같은 방에서 자는 일행이 늦게 와서 더 늦게 잠자리에 들었다.

---

2009년 11월 25일(수)

## 부시맨의 전통가옥 원뿔형 초가집에서 숙박

[ 빈트후크Windhoek 오전8:40 출발 ⋯▸ Buitepos나미비아 - 보츠와나 국경 오후12:30-1:00 ⋯▸ 205km 이동, Ghanzi Blazers 오후4:30 도착 ]

10일간 여러 가지로 독특한 체험과 감동을 주었던 나미비아를 떠나 오늘 3번째 방문국 보츠와나로 가는 날이다. 오전 8시 40분 빈트후크를 출발. 포장도로를 8시간을 열심히 달려가도 산은 없고 녹색의 관목으로 덮여있는 가끔 양, 말 등의 목장이 나오는 대평원이 이어진다.

나미비아의 작은 도시 고바비스에서 30분가량 휴식하는데 커다란 아

프리카 전통모자와 전통의상인 허리부터 부풀어 오른 드레스를 입은 덩치 큰 흑인 여자들이 눈에 띈다. 여자들이 체격이 좋다. 이 전통의상을 한 벌 사가던 슈퍼마켓 앞에 있던 흑인 여자가 우리 돈으로 약 15만 원 짜리라면서 우리에게 자랑스럽게 옷을 보여준다.

여자들에 비해 비쩍 마른 나이 많은 남자 주차원은 오 샘이 같이 사진 찍자고 하니 얼른 와서 포즈를 취한다. 남자 주차원은 그와 찍은 사진을 보여주니 좋아한다.

나미비아에서 보츠와나로

가는 도로를 달리면서 보이는 풍경은 똑같은데 보츠와나로 들어서니 지면에 하얀 돌들이 많다. 흙도 회색으로 보인다. 국경 Buitepos를 지나 4시 30분쯤 부시맨 마을 캠핑장인 Ghanzi Blazers에 도착하였다. 캠핑장에 도착하자마자 수영장은 없고 더우니까 어느새 모두들 휴게소에 가서 찬 음료들을 하나씩 손에 들고 있다. 텐트를 치고 자도 되는데 우리는 텐트 대신 부시맨들이 살던 침대만 2개씩 들어있는 전통가옥인 원뿔형의 초가집에서 자기로 했다. 캠핑장 바닥은 땅이 아니라 모래밭 아니 사막 모래이다. 텐트가 아니라 괜찮겠지 하고 침낭을 준비하지 않은 것이 실수였다. 우리가 자만한 것 같다.

햇빛은 쨍쨍 모래알은 반짝하면서 땀을 흘리게 하던 날씨가 밤이 되니 춥고 모기장이 있는데도 모기가 극성이다.

2009년 11월 26일(목)

# 부시맨의 생활 일부를 알게 됨, 오카방고 델타를 가기 위한 준비

오전7:00-8:00 부시맨 워킹 ⋯▸ 부시맨 마을 오전10:00 출발 ⋯▸ 마운Maun 오후2:30 도착

아침 7시 부시맨 가족을 따라다니면서 자연에서 먹을 수 있는 것, 약초, 염료를 얻을 수 있는 식물들을 채취하는 방법, 불을 얻는 방법들을 볼 수 있었다. "악마의 발톱"을 구하지 못했던 오샘은 그들에게서 관절 치료를 할 수 있다는 약초 뿌리를 구입했다.

오늘은 아침 10시부터 마운까지 4시간을 가야하고 중간에 쉬면서 식사를 할 수 없어 각자 점심 도시락을 싸가야 한단다.

부시맨 워킹에서 오자마자 아침식사를 하면서 동시에 남은 것들을 이용해 각자 간단히 도시락을 싸서 오카방고를 가기 위해 마운으로 향했다. 그런데 어제 빤 빨래가 마르지 않아 차 안에서 말리면서 가야만 했다. 역시 끝없는 평지를 쉬임없이 달려 마운에 도착하니 몸을 피할 수 없게 뜨거운 햇살이 내리쬔다. 그 뜨거운 대낮에 거리는 활기가 넘친다. 하교하는 초등학생들, 과일을 머리에 얹고 다니는 행상 아줌마, 모여서 이야기하는 사람들 등….

내일 가서 하루를 묵고 오게 되는 오카방고는 물이 없기 때문에 1인당 물을 5L, 모코로에 탔을 때 해가 너무 뜨거워 필요한 양산 등을 준비해야 한다. 슈퍼마켓에 가니 어느 도시 못지않게 상품들이 가득하고 손님들로 북적인다. 마운 시내에서 2시간을 보낸 뒤 캠프에 도착하자마자 텐트를 설치하고 배낭의 짐들을 텐트 안에 모두 꺼내 놓고 가능하면 동물들 눈에 잘 띄지 않는 색의 긴 옷, 세면도구, 모기 퇴치약, 플래시 등 내일 갖고 갈 짐을 다시 꾸리느라 마치 목욕한 것처럼 진땀을 흘렸다.

오늘 페르난도의 생일이어서 저녁때 간단한 생일 축하파티를 하는데 오샘이 계획에 없던 축가를 불러 한층 축하 분위기가 되었다. 오늘 저녁은 비교적 빠른 9시에 저녁식사가 끝나 일찍 누웠는데 어찌나 새, 벌레, 짐승들이 밤새 울어 대는지 잠이 오지 않는다. 게다가 나무 그늘과 풀들 때문에 밤이 되니 텐트 바닥이 눅눅하다. 무슨 짐승이 있을지 몰라 무서워서 밖에 나가지도 못하고 텐트 안에서 밝아지기만을 기다리는 수밖에.

---

2009년 11월 27일(금)

## 오카방고 델타에서 게임 크루즈

[ 마운 Maun 오전7:20 출발 ··· 오카방고 델타 Okavango Delta 오전11:00 도착 ]

모두들 부지런히 텐트를 걷어 정리하고 아침 6시 식사. 7시 되니 우리를 태울 트럭이 왔다. 삼미는 팀원들 먹을 것들을 챙기느라 새벽부터 바쁘다. 30명분의 텐트와 식량들을 차곡차곡 챙겨 싣고 우리들을 태운 트럭은 7시 20분 오카방고 델타를 가기 위한 선착장을 향해 출발하였다. 낮에는 엄청 더운데 아침에 트럭을 타고 갈 때는 무척 시원하다.

비포장도로, 움푹 패인 모랫길을 1시간쯤 달려가는데 가끔 농촌 마을이 나타난다. 선착장에 도착하니 원주민들이 우리들 각자의 배낭 등 소지품 이외의 모든 짐들을 여러 대의 모코로에 나누어 싣는다. 1척에 2명씩만 탈 수 있는 가늘고 작은 모코로 여러 척에 우리를 나누어 태운 후 모코로는 수초 사이를 헤치며 중간에 1번 쉬고 거의 1시간 30분을 이동해 간다. 바닥이 보일 정도로 물도 깨끗하고 물 위에 하얀 수련들도 산뜻하게 한창 피어 있다. 원주민들은 땡볕에 날렵한 팔놀림으로 긴 막대기로 모코로를 능숙한 솜씨로 저어 간다.

요즈음 이 지역 낮 기온이 약 40℃ 정도라는데 우리는 양산을 쓰지 않을 수 없을 정도로 햇볕이 뜨겁고 무방비상태다. 그런데 이곳은 모기가 많아 말라리아 위험지역이다. 우리들은 틈만 나면 온몸에 모기 퇴치약을 바르고 뿌리느라 바쁘다.

오전 11시 오카방고 델타에 도착하자마자 텐트를 설치하고 나니 이곳은 화장실이 없는 곳이라면서 임시로 땅을 파더니 화장실로 대용하란다. 볼일 본 후에는 흙을 덮고…. 오후 5시 게임 크루즈에 나서기 때문에 원주민들과 함께 점심식사를 한 후 5시 전까지 각자 시간을 보내는데 텐트 안이 무척 덥다. 원주민들이 간식을 준비하는데 기장과 수숫가루를 됨직하게 풀처럼 쑨 "폴리쥐(porridge)"를 주는데 부드러워 먹기 좋았다.

앙골라 내륙에서 발원한 오카방고 강이 나미비아를 거쳐 보츠와나로 들어와서 땅으로 강물이 스며들면서 습지가 생기고 델타가 형성된 오카방고 델타에는 수많은 새, 야생동물들이 서식하고 있는 곳이란다. 5시

모코로를 이용한 게임 크루즈에 나섰다. 아직 햇빛이 작렬하는 파란 하늘 아래 갈색으로 물든 수초 사이로 작고 좁다란 모코로를 가늘고 긴 막대로 저어가는 원주민의 모습이 어우러져 한 폭의 그림 같다.

수많은 하얀 새, 까만 새가 서쪽 나미비아에서 계속 이동해 와서 나무숲 위에 모두 내려앉아 새들의 숲을 이룬다. 주변에 새소리만 요란하다. 항상 해 질 녘에 이런 장관을 연출하는 것 같다. 코끼리가 나타나니

노 섰던 원주민이 모코로에 납작 앉으며 조용히 하란다. 2시간이나 원주민들은 노 젓느라 애썼는데 코끼리 한 마리밖에 보질 못해 아쉬웠다. 우리가 델타에 도착하자마자부터 나무를 주워다 계속 밤새도록 모닥불을 피워서인지 텐트 주변은 오히려 모기가 덜 했다.

원주민들과 함께 30명이 델타에서의 밤을 지냈다. 물론 세수는 물티슈로 해결하고.

---

2009년 11월 28일(토)

## 소형 항공기로 오카방고 델타 관광

[ 오전6:00-8:00 오카방고 델타Okavango Delta 워킹 ···› 정오 12:00 마운Maun 숙소 ···› 오후4:00-5:00 마운Maun 비행장 ···› 마운Maun 숙소 ]

새벽 5시 30분 모닥불로 커피 물을 다 준비해 놓고 원주민이 텐트마다 다니면서 "굿모닝"하며 모닝콜을 한다. 아침 6시 델타에서 서식하는 여러 동식물들을 관찰하기 위한 워킹에 나섰다. 선명한 코끼리 발자국, 굳지 않은 한 뭉텅이 배설물을 보니 코끼리가 지나간 지 얼마 안 되고 이 근처에 있는 것 같다. 7시가 되니 그늘 없는 벌판에 벌써부터 뜨거운 햇볕이 내리쬐인다.

얼룩말들이 우리들을 보더니 경계를 하는 눈치다. 우리가 빨리 비켜주는 것이 얼룩말들에게 도움을 줄 것 같다. 2시간에 걸친 워킹을 끝내고 아침식사를 하자마자 텐트 등 모든 짐을 나누어 실은 여러 대의 모코로는 수초 사이를 날렵하게 스르르 잘도 빠져나간다. 어찌나 햇볕이 뜨거운지 모코로에서 양산을 쓰고 가만히 앉아있는데도 온몸이 불덩이다. 모코로를 젓고 있는 원주민들은 얼마나 더울까. 수초가 있는 물은 깨끗해 보인다. 델타에 있는 물이 깨끗해 보여도 위험할 텐데 원주민들은 내성이 생겼는지 그들은 그 물을 손으로 떠서 먹기도 하고 씻기도 하면서 간다. 우리는 물속에서 물고기, 개구리도 볼 수 있었고 뱀을 보고 놀라기도 했다. 악어도 있다는데 악어는 보지 못했다.

모코로 선착장에 오니 우리를 마운의 캠프에 데려갈 트럭이 와 있는데 그렇게 반가울 수가 없다. 선착장 근처 숲 속에 텐트에서 생활하는 원주민들이 있는데 나무들이 있는데도 햇빛이 워낙 강해 땅은 메말랐고 텃밭이 있을 수가 없는 환경이다. "하쿠나 마타타"라고 할 수밖에 없는 자연환경이다.

캠프에 오니 토니가 점심을 준비해 놓았는데 수박이 등장했다. 정말 더운 날씨인가 보다. 오자마자 모두들 수영장으로 직행한다.

오후 3시. 7인승 소형항공기로 관광하기 위해 마운에 있는 비행장으로 가려고 나서는데 피곤한데도 불구하고 모두들 즐거운 표정들이다. 푸른 초원, 짙푸른 숲, 강, 습지, 마을 상공을 50분간 비행하는데 기대했던 평원에서의 동물들의 대이동 모습은 보이지 않는다. 비행기에서 내려다보니 어쨌든 동물들의 왕국이 될 만큼 사람이 살지 않는 평평한 녹색의 숲과 초원이 끝없이 펼쳐지기도 한다. 동물들이 지나가는 길이 얼

기설기 많이 나 있고 탑처럼 생긴 하얀색 개미집도 엄청 많다. 비행기를 이용한 관광에 기대치가 컸었던 건지 생각보다는 별로였다. 그동안 없어서 구하지 못했던 마그네틱스티커를 비행장 기념품점에서 살 수 있어 다행이었다.

비행장에서 캠프로 돌아오는 차 안에서 모두들 기분이 한껏 들떠있다. 항상 우리 앞자리에 앉아 우리를 즐겁게 해주고 배려를 하는 에마와 에밀리는 특히 흥이 나서 애교를 부린다. 저녁밥 먹기 전에 바람도 없고 텐트 안이 후덥지근해 밖에 나와 있는데 어찌나 모기공세가 심한지 모르겠다. 한밤중에 깨우는 소리에 일어나니 비가 오니까 텐트커버를 씌우란다. 후덥지근하고 빨래도 안 마르더니 결국 밤에 비가 살짝 오고야 말았다. 침낭과 텐트 안이 눅눅하다.

2009년 11월 29일(일)

# 길에서 코끼리 가족을 만남

[ 마운Maun 오전7:00 출발 ⋯▸ 600km 이동 ⋯▸ 카사네Kasane 오후4:00 도착 ]

오늘은 600km 거리인 카사네까지 약 8시간 이동하기 때문에 일찍 서둘러야 하는데 우리 조가 요리 담당이다. 식사 준비하느라 새벽 5시부터 분주했다. 7시 출발하기 전까지 부지런히 움직여 늦지않게 준비했는데 다른 캠핑 팀들 중에는 벌써 출발한 팀들도 있고 모두들 출발 태세다. 역시 대평원이 이어지고 국립공원을 지나는데 도로를 가로질러가는 20마리쯤 되는 코끼리 가족을 보고 모두 환호성이다. 조금 더 가다 보니

기린이 길에 나타난다. 동물원에서만 볼 수 있는 걸로 알고 있는데 길에서 흔히 당연하게 만나는 것 같은 기분이다. 더욱이 기린이 도망가지 않고 돌아서서 우리 트럭을 무심히 쳐다본다. 자연의 여유로움이다. 토니는 친절하게 기회마다 놓치지 않고 한참 동안 차를 멈추어준다.

차가 서면 덥고 차가 움직여야만 더위를 잊을 수 있는데 북쪽으로 올라갈수록 검은 구름이 드리워지니 더위가 주춤하려나 보다. 어쨌든 차라리 밤엔 비가 안 왔으면 좋겠다. 혹시 조그만 바나나밭이라도 있나 했더니 어김없이 나무만 있는 평원이 계속 이어진다. 9시간 만인 오후 4시 캠프에 도착하자마자 덥고 피곤한데도 불구하고 으레 부지런히 텐트를 설치한다.

오늘은 우리 조가 처음으로 저녁식사를 준비하는 날이다. 그동안 이상하게 우리 조가 요리 당번일 때마다 저녁에 외식을 한다든지 저녁식사 준비를 하지 않아도 되는 행운이 있었다. 스파게티 한 가지만 20명분을 하는데 2시간 30분이나 걸렸다. 생각보다 저녁 준비를 하는데 시간이 많이 걸려 저녁식사도 늦었고 양도 너무 많았고 별로 맛도 없어 팀원들에게 미안했다.

2009년 11월 30일(월)

## 초베 국립공원에서 게임 드라이브, 게임 크루즈 함

오전6:00-8:00 초베Chobe 국립공원 ⋯→ 오전11:00-오후12:30 카사네Kasane 시내 ⋯→ 오후3:00-6:30 초베Chobe 국립공원

게임 드라이브를 위해 아침 6시부터 초베 국립공원으로 갔다. 동물들을 동물원에서 많이 보았고 이곳에 올 때까지 국립공원에서도 자유롭게 노니는 동물들을 많이 보았는데도 인간의 간섭 없이 대자연에서 생활하는 동물들을 발견할 때마다 사람들은 새삼스럽게 신기한 표정들이다. 꽃들이 산에서 피었을 때 더욱 신선하고 산뜻하게 보이는 것처럼 이런 광활한 대자연 속에서 만나는 동물들은 왠지 모르지만, 우리에게 더욱 생생하게 감동을 준다.

원숭이, 코끼리, 독수리, 얼룩말, 임팔라, 버펄로, 쿠두, 이름 모르는 많은 새들, 타조 등을 만날 때는 물론이고 다른 동물에 비하면 몸집이 아주 작은 쇠똥구리가 쇠똥 굴리며 가는 모습을 발견했을 때는 모두들 쇠똥구리의 모습이 아주 귀엽다는 듯이 아주 흥미 있게 바라다보기도 한다. 역시 게임 드라이브의 절정은 비록 지프차 안에서 보는 것이지만 7마리의 사자 가족을 아주 가까운 곳에서 발견했을 때였다.

밤에 활동하고 이제 잠드는 이른 아침시간인 건지 아쉽게도 사자들이 계속 누워있기만 했지만 모두들 흥분한 표정으로 사진기들을 눌러댄다. 그런데 여러 대의 차도 보이고 사진기 셔터소리도 들릴 것 같은데 사자

들이 가만히 있는 것을 보면 이상하다. 사자들과 가까운 곳에 있는 작은 동물들이 여유롭게 노닐고 있는 것도 이상하다. 공원 어디에서고 포식동물들 간에 아직 먹고 먹히는 현장이 눈에 띄지 않고 내가 보기에는 지금 여기에서 동물들이 서로들 아주 조화롭게 공존하고 있는 것으로 보인다.

멀리 보이는 강물 수면 위아래로 오르락내리락하는 하마의 모습을 숨죽이며 망원경을 서로들 돌려가며 본다. 그렇게 메마른 버림받은 땅들 그래서 인간들까지 버림받은 듯한 곳이 끝없이 이어지더니 강이 있

어 푸른 초목도 있고 물이 있으니 이제는 주변이 모두 풍요로워 보인다. 새끼를 데리고 물가로 와서 물을 먹는 동물가족들, 들판에 모여 있는 동물가족들 등 이런 풍요로운 대자연과 함께 하는 동물들이 여유 있어 보인다.

동물들이 우리를 무심히 쳐다볼 때는 마치 우리가 동물원의 동물이 된 듯한 느낌이 들기도 한다. 누가 누구를 보러 온 건지 모르겠다. 살아 있는 생생한 경험이다.

낮 11시쯤 카사네 시내에 가서 12시 30분까지 자유시간이 주어졌는데 꽤 큰 슈퍼마켓과 옷가게, 우체국 등이 있는 상가를 제외하고는 노점상들도 거의 개점휴업이고 볼거리도 없고 쉴 곳도, 거리에 앉아 있을만한 곳도 전혀 없다. 조그만 시골 동네 같다. 번듯하게 보이는 관광안내소가 있어 가보니 정보도 별로 없다. 이런 도시 규모에 비해 우체국은 냉방 시

설이 있고 깨끗한 편이다. 사람들이 살지 않는 캠프로만 다니다 보니 애들한테 연락하기가 쉽지 않았었다. 다행히 우체국이 시원해서 애들한테 엽서를 보내고는 우체국에서 잠시 더위를 식히고 나왔다. 그런데 엽서 가격에 비해 해외우편요금이 더 저렴해서 이상했다. 다음에 애들한테 연락할 기회가 있으면 엽서가 도착했는지 확인해 보아야겠다.

오후에는 3시 30분부터 3시간에 걸쳐 초베강에서 Fish Eagle Cruise를 하는데 음료수를 차게 보관할 얼음상자까지 가져갈 정도로 너무 덥다. 배를 타니 더위가 다소 가신다. 역시 배를 타고 강 위를 날렵하게 나는 새, 강가나 강 속의 여러 동물들을 볼 때마다 감동이다. 멀리 보이는 코끼리는 마치 커다란 언덕이 있는 것처럼 보이고 해가 점점 기울면서 해, 구름, 빛, 하늘이 도저히 사진을 찍을 수 없는 환상적인 절경을 만들어낸다. 그런 석양 아래 여러 마리의 아기코끼리들을 데리고 덩치

큰 코끼리 가족들이 강가로 와서 목욕들을 하고 돌아가는 모습, 육중한 몸의 하마가 물 밖에 나와 풀을 뜯어 먹는 모습, 물 바깥 육지로 나와 덩그러니 누워있는 악어, 임팔라가 강가 풀밭에서 뛰어노는 모습은 마치 아기들이 풀밭에서 뛰어노는 것 같다. 이 모든 것이 지구상에 공존하고 있는 아름다움이다. 어느 하나도 놓치고 싶지 않은 감동과 여유를 자아내는 풍경이다.

2009년 12월 1일(화)

# 개미떼와 전쟁, 여행을 함께 했던 팀원 12명과 이별

카사네Kasane 보츠와나 오전7:20 출발 ···› 국경 ···› 카준굴라Kazungula 잠비아 오전 8:20 도착 ···› 빅토리아 폭포 오전10:30 도착 ···› 리빙스턴캠프

저녁만 되면 긴 옷을 입고 부지런히 모기 퇴치약을 온몸에 바르고 뿌리고 텐트 안에 모기향도 피우고 했는데 어젯밤은 괜찮겠지 하고 모기향을 안 피웠다가 모기와 전쟁을 치르느라 잠을 못 잤다.

잠비아 국경은 건너다보이는 강만 건너면 되는데도 불구하고 입국 절차가 시간이 오래 걸릴 수 있다고 해 역시 아침 7시 20분 서둘러 출발했는데 생각보다 입국절차가 빨리 끝나 빅토리아 폭포에 10시 30분에 도착하였다. 폭포까지 들어가는 길과 폭포 주변 경관이 매우 아름답다.

빅토리아 폭포는 잠비아와 짐바브웨 사이에 있는 폭포로 이 폭포를 발견한 영국 탐험가 리빙스턴이 영국의 빅토리아여왕의 이름을 따서 지었단다. 앙골라 북쪽에서 인도양 모잠비크해협까지 2,700km를 흐르는 잠베지강 중간에 위치해 있는데 평지로 흐르던 물이 깊이 깎아지른 듯한 협곡 사이로 여러 물줄기가 합류하여 방대한 폭포수가 되어 쏟아져 내리는 규모가 꽤 큰 폭포이다. 학생 때 세계 3대 폭포라고 배워서 기대가 컸던 건지 왠지 아르헨티나의 이과수폭포만큼 감동적이진 못했다.

1시간 정도 빅토리아 폭포를 둘러본 후 리빙스턴에 있는 캠프에 가기 전에 환전소가 있는 큰 상가에 들린다. 리빙스턴에서 필요한 각자의 경비를 위해 보츠와나화폐나 달러를 잠비아화폐로 교환하게 한다.

이번 여행에 참가한 국가들 중 우리나라만 말라위 비자를 필요로 해서 우리는 리빙스턴에서 일행과 떨어져 말라위 비자를 발급받기 위해 잠비아에 가야 한다.

삼미는 오샘과 내가 말라위 비자를 받기 위해 내일 잠비아의 루사카까지 타고 갈 버스표를 상가 주차장에 있는 택시 운전기사로 하여금 사오도록 주선하고 또, 캠프에 와서는 우리가 루사카에서 3박 4일 동안 묵을 숙소를 예약해주는 등 오샘과 나를 위해 많은 신경을 써 주었다.

캠프에 도착하자마자 점심을 차려 먹고 오샘과 나는 내일 갈 준비 때문에 저녁때 크루즈는 하지 않기로 했다. 그런데 개미 때문에 한바탕 소동이 벌어졌다. 우리가 텐트를 설치한 자리에 개미집이 있었던 것이다. 순식간에 개미떼가 텐트 안팎을 완전히 덮은 것이다. 더운데 텐트 안의 짐을 모두 꺼내 내고 텐트를 해체해서 펼친 후 개미를 털어내고 다시 텐트를 설치하느라 한바탕 진땀을 빼고 있는데 원숭이가 우리가 내놓은 짐 보따리를 뒤져 물티슈 봉지를 갖고 달아나 오샘이 쫓아가니까 물티슈 봉지를 뜯어버리고 달아나는 것이다. 이렇게 개미가 꼬인 텐트 때문에 한바탕 소동치고 내일 가지고 갈 짐을 꾸리고 나니 진땀 빼고 시간이 많이 지나갔다. 부지런히 서둘러서 7시 30분 저녁식사 시간을 겨우 맞춰 갈 수 있었다.

이 캠프에 있는 잠베지강은 고요한 가운데 아름다운 운치를 드리우고 있다. 그런 엄청난 수량의 빅토리아폭포를 만들어 내리라고는 생각할

수 없을 정도로 아주 잔잔하여 나무들이 수면에 투영된 풍경이 애잔한 느낌마저 든다.

저녁식사는 이 캠프 안에 있는 강가의 레스토랑에서 먹었는데 오샘과 나는 리빙스턴에서 이번 트럭여행이 끝나는 사람들과는 오늘이 마지막이다. 같이 20일을 여행하면서 이 여행이 오래도록 아름다운 추억으로 남을 수 있도록 즐거움과 많은 친절, 훈훈한 정을 우리에게 주었던 정말 좋은 친구들이었다. 에마, 에밀리, Madeline, Rachel, Petrica, Petricia, Tricia, 키본, 크루셀, 페르난도, Emmy, 미첼 그동안 정말 고마웠어요. 당신들과 함께한 시간들 영원히 잊지 못할 거예요. 모두들 건강하고 행복하세요.

오샘은 그들에게 "남몰래 흐르는 눈물"로 이별의 노래를 불러주며 아쉬움을 달랬다.

2009년 12월 2일(수)

# 루사카로 이동

리빙스턴Livingstone 오전9:10 출발 ··· Mazhamdu Family버스 ··· 루사카Lusaka 오후4:30 도착

모처럼 캠핑장의 레스토랑에서 식탁에 앉아 우아한 아침식사를 하였다. 항상 조립식 의자에 앉아 접시 하나를 손에 들고 먹었었는데 식탁에서 아침밥을 먹어 본 지 오래된 것 같다.

리빙스턴은 매우 활기찬 도시이다. 버스정류장 주변이 북적인다. 아프리카의 염려했던 열악한 버스가 아니고 에어컨이 있는 이층 버스에 신문까지 제공되는 Business Class이다. 출발시간이 8시 30분이라고 했는데

9시 10분에 출발했다. 버스가 출발하기를 기다리는 동안 기독교를 포교하는 남자가 버스에 타더니 거의 1시간을 시끄럽게 떠들다 중간에 내린다. 버스에서 좀 조용히 갔으면 좋았을 텐데. 리빙스턴의 활기찬 분위기는 자연환경도 한 원인인 것 같다. 땅들도 비옥해 보이고 녹색의 텃밭도 보이고 리빙스턴에서 루사카까지 가는 주변이 푸르르다. 최소한 먹을거리는 걱정하지 않아도 될 것 같은  풍요로움이 깃들어 있다. 또 중간중간 지나는 도시들도 활기차 보인다.

삼미가 루사카는 고도 1,500m에 있는 도시라 시원하다더니 루사카 쪽으로 가면서 푸른 산이 보인다. 루사카 버스정류장은 많은 택시들이 대기하고 있고 숙소까지 가는데 루사카가 꽤 커보인다. 도로들은 모두 널찍하고 높은 빌딩이 별로 없어서인지 안정된 느낌이다. 아스팔트는 차도이고 그 바로 옆 정비되지 않은 비포장인 흙길은 인도인 것 같다.

우리 숙소가 백패커이고 우리에게 고추장이 조금 있어 모처럼 우리 음식을 만들어 먹을 기대를 하고 왔는데 부엌 시설이 너무 불결하고 그릇도 없고 화기가 제대로 작동될까? 하고 의심될 정도로 열악하다. 슈퍼가 꽤 멀다. 슈퍼에도 야채들이 싱싱하지 않고 살만한 식재료가 별로 없어 물, 빵과 통조림만 사고 시장에서 감자만 사 왔다. 밥을 하는데 불도 신통치 않아 시간만 오래 걸리고 통조림이 양고기 스팸이어서 그런지 맛이 별로 없다. 오샘은 매우 실망한다. 냉장고는 없고 아이스박스가 있는데 깊어 사용하기 힘들뿐만 아니라 언제 사용했었는지 꺼림칙하다. 오늘 끓여 놓은 것만 다 먹고 사 먹는 것이 나을 것 같다. 괜히 식품 사는 돈만 든 것 같다. 슈퍼가 멀고 시간도 늦어 장을 보고 올 때는 택시까지 타고 왔는데.

2009년 12월 3일(목)

# 루사카Lusaka에서 말라위 비자 신청

모처럼 침대에서 푹 잔 것 같다. 오늘은 말라위 비자에 관한 것만 하고 푹 쉬기로 했다.

숙소를 나서는데 비가 오기 시작한다. 숙소 주인은 대사관으로 가는 버스는 없고 택시로 가야 하는 거리라면서 잠비아에서는 걷는 거리가 아니면 웬만한 곳은 모두 택시로 다니라고 한다. 아침 9시 말라위 대사관에 가서 비자를 신청했는데 내일 찾으러 오라고 한다. 오샘이 여유 있게 비자 신청을 하는 것이 좋다고 해 예정보다 하루 일찍 당겨서 오길 잘한 것 같다. 만약 오늘 루사카에 도착했으면 근무시간이 지나 비자 신청도 못하고 또 내일 신청하면 모레는 토요일이라 비자를 찾을 수 없어 월요일까지 기다려야 하는데.

비자발급 비용이 너무 비싸다. 3박 4일 있는데 1인당 100USD나 받는다. 집에 오니 오전 11시. 비도 오고 오샘도 쉬자고 해 일기도 정리하면서 오늘 하루 푹 쉬었다.

숙소 내에 조그만 풀장도, 동네 사랑채 같은 bar도 있어 비 오는 날 아스라한 분위기가 더욱 돋아 보이는 것 같다.

2009년 12월 4일(금)

# 말라위 비자 발급 받음, 차차 로드 Chacha Road, 카이로 로드 Cairo Road 다녀옴

10시 30분 말라위 대사관을 가기 위해 택시를 탔는데 그 운전기사가 기다렸다가 다시 숙소까지 와 주겠다고 한다. 대사관이 외진 곳에 있어 택시 잡기도 힘든데 마침 잘 되었다. 대사관에서 돌아오는 길에 시내로 가자고 했더니 환전소까지 들려주더니, 시내에 차가 많고 교통 정체가 심한데도 친절하게 기념품 가게까지 데려다주는 것이다. 또 내일 우리가 가야 한다니까 목적지까지 우리를 태워다 주겠다고 한다. 친절한 운전기사님! 매우 고맙습니다.

기념품 가게에 마그네틱스티커가 없다. 시내는 자동차도 많고 사람도 많고 혼잡하다. 날이 더우니까 거리가 더 혼잡한 느낌이 드는 것 같다. 전통음식점 FAJEMA가 있다는 카이로 로드를 지나가는데 안경점에 생각지 않은 '在 잠비아 한인회'가 쓰여 있다. 종업원들은 현지인들이고 안쪽에 한국 사람들이 있는 것 같다.

우리는 반바지 차림으로 후지래 하지만 눈 딱 감고 안경점에 들어서니 종업원들이 친절하게 맞이한다. 우리나라에서 음식점마다 흔히 있는 작은 커피 자판기를 이곳에서 보니 반갑다. 혈압측정기도 있고. 물론 커피 자판기나 혈압측정기에 모두 한글이 적혀있다. 한글이 그렇게도 반가울 수가 없다. 순간 정신을 차리고 여기가 한국이 아니지, 하는 생각을 했다. 우리는 뻔뻔하게 커피 1잔씩 뽑아 먹고 혈압측정도 하고 나왔다. 우

리를 반갑게 맞이한다 해도 부담스럽긴 하지만 안쪽에 있는 한국인들은 우리를 보지 못했는지 전혀 움직임이 없다.

파지마 식당이 차차 로드로 이사했다고 해서 다시 차차 로드로 가서 파지마 식당을 찾아갔는데 마치 빵집처럼 보인다. 잠비아 전통음식을 주문했는데 곱게 빻은 옥수수가루를 빽빽하게 끓인 쉬마(Nshima), 닭튀김과 삶은 콩이 나온다. 또 택시를 이용해 숙소에 와야 했는데 시내여서 그런지 택시가 많은데 요구하는 택시비가 거의 비슷하다.

숙소에 있는 공중전화가 되지 않아 애들한테 연락하지 못해 아쉽다. 우리 숙소가 외진 곳에 있어 가게는 물론 편의 시설도 전혀 없고 교통수단도 꼭 택시를 이용해야 한다. 일단 숙소에 오면 고립된 느낌이다. 저녁

도 할 수 없이 숙소의 식당에서만 해결하는 수밖에 없는데, 이 식당 요리사는 6시 퇴근이라고 우리한테 5시에 저녁 먹으란다. 할 수 없이 5시 30분에 저녁을 먹는데 미리 음식을 해 놓았다가 다 식은 음식을 갖다 준다. 음식 값이 비싼데도 불구하고. 세탁비를 받으면서도 빨래를 줄에 널어놓고 그냥 퇴근해 우리가 걷어 방에서 다시 말리는 등 서비스가 손님 위주가 아니다.

어떤 면에서는 느긋한 것 같아 여유 있어 보인다. 이 숙소는 이 동네에서 모임 장소인지 저녁만 되면 마당 한쪽에 있는 bar에 많은 사람들이 모여들고 자동차도 들락날락하는데 오늘은 금요일이어서 그런지 다른 날 보다 밤늦도록 더 북적거린다. 밤하늘에 반짝이는 별들이 구름 속으로 들어갔다 나왔다 한다.

이곳은 해만 지면 선선한데 모기가 매우 많아 긴 옷, 양말로 온몸을 감싸는데도 어쩔 수 없이 모기의 공격을 받는다.

---

2009년 12월 5일(토)

## 여행 함께 할 4명의 새 식구를 만남

루사카 Lusaka 오후1:25 택시로 출발 ···› 오후2:25-오후 5:05 카푸에 리버 Kafue River 드웸베 Dwembe 선착장 ···› 배로 카푸에 리버 퀸 캠프 Kafue River Queen camp 오후6:00 도착

밤새 시끄럽던 bar도 새벽 5시엔 조용한 아침이다. 오전 내내 수영장이 있는 숙소 마당에서 루사카의 맑은 하늘을 바라다보기도 하며 여유 있는 시간을 보냈다. 약속 시간보다 30분 늦게 온 택시 운전기사는 급한 마음에 열심히 달린다. 루사카 외곽부터 낮은 산들을 계속 타고 내려오는 것 같다.

루사카 숙소에서 50분 걸려 2시 25분에야 카푸에 리버 퀸 캠프로 가기 위한 드웸베 선착장에 도착하였다. 3시에 배를 타기로 해서 우리 아카시아트럭이 와 있을 줄 알았는데 아직 안 왔다. 한편으로는 우리가 늦

지 않아 다행이다. 4시 30분쯤 갑자기 먹구름이 몰려오더니 세찬 바람이 휘몰아쳐 배 위에서 기다릴 수 없을 정도다.

캠프 주인이 배에서 내려와 주인의 차에 있으라고 하는데 그때 우리 아카시아트럭이 오는 것이 보인다. 4일 만에 보는데 무척 반갑다. 그런데 식구가 단출해지고 새로운 식구들이 보인다. 오늘부터 나이로비까지 함께 지낼 식구들은 원래의 우리 팀 6명, 다른 팀에서 온 사람들 4명 모두 10명이다. 인원이 18명에서 10명이 되니 거의 반으로 줄어들었다. 새 식구인 4명은 두 가족인데 지역은 다르지만 모두 호주에 사시는 분들로 인상이 매우 좋다. 오붓하고 가족적이고 즐거운 여행이 되리라는 기대감이 앞선다.

트럭버스는 선착장에 놓아두고 캠프에 가져갈 텐트, 침구들을 챙겨 배에 실으려는데 굵은 장대비가 사정없이 쏟아진다. 모두들 재빨리 우비로 중무장하고 캠프로 향하려고 배를 타니 5시 5분이다. 리빙스턴에서 오는데 앞에서 가는 차 때문에 속도를 내지 못해 1시간 30분이나 더 걸려서 온 것이란다. 매우 답답하고 지루했을 것 같다.

캠프와 배에서 일하는 현지인들과 함께 이동해서 그들이 오늘 저녁식사와 내일 아침식사, 현지인 마을 방문까지 맡아서 해주는 일정이니 모처럼 편한 식생활을 할 것 같다. 배로 약 1시간동안 강을 따라 이동하는데 주변의 산수가 아늑하고 편안해 보인다. 사람이 살지 않을 것 같은 강변 산기슭에 캠프가 있다. 오후 6시가 넘은 시간인데 이곳은 벌써 어둑어둑하다. 텐트를 설치하고 나니 장작불을 피우고 우리를 환영하는 전통복장을 입은 현지인들의 춤과 노래가 저녁식사 전까지 이어진다. 공연하는 동안 배에서 식사하도록 잠비아식 음식으로 저녁을 정성껏 준비해 놓았다.

모기 퇴치약이 없는데 모기가 많아 오샘과 나는 저녁식사 하자마자 배에서 나왔다. 칠흑 같은 어둠에 캠프 언덕 위에 위치한 샤워장이나 화장실로 가는 길이 울퉁불퉁하고 시설도 매우 불편하고 깜깜한데 플래시도 무용지물이다. 세수도 못하고 양치질만 겨우 하고 텐트로 돌아왔다. 오샘과 나는 식사 후 이어지는 현지인들의 공연을 모기 때문에 밖에서 보지 않고 텐트 안에서 흥겨운 노랫소리를 들으면서 즐겼다.

비가 그친 후 저녁식사 때까지만 해도 반딧불이 왔다 갔다 할 정도로 맑더니 다시 밤새도록 비가 오며 새벽 5시쯤 비가 그친다. 텐트 바닥은 습기가 차 눅눅하다.

---

2009년 12월 6일(일)

## 모처럼 우리 조에서 저녁식사 준비함

오전7:20-8:30 카푸에Kafue 현지인 마을 방문 ··· 카푸에 리버 퀸Kafue River Queen 캠프 오전9:00 출발 ··· 드웸베Dwembe 선착장 오전10:05 도착 및 출발 ··· 루사카Lusaka 캠프 오전11:00 도착

7시 모닝커피 시간을 잠깐 가진 후 캠프 뒷산을 넘어 한 가구만 사는 마을로 갔다. 그 집 주인은 어부로 고기잡이와 약간의 채소를 키워 생계

를 꾸려간다고 한다. 사람의 발길이 거의 닿지 않는 이런 외진 곳에서 어렵게 사는 어부는 재치 있는 말솜씨로 혼자 거의 50분 동안 그의 가족사 및 생활 전반에 관한 이야기를 하면서 분위기를 끌어간다. 어부의 집과 어구들, 채소밭 등을 돌아보고 캠프에 왔다. 캠프에 오자마자 부지런히 텐트를 걷고 짐을 모두 배에 싣고 준비해 놓은 아침식사를 배에서 먹으면서 선착장 드웸베에 돌아오니 10시가 조금 넘었다. 부지런히 포장도로를 달려 임팔라와 기린 동물원이 있는 루사카 캠프에 도착한 시간은 오전 11시쯤 되었다. 이곳은 시설이 괜찮은 편이다. 오늘 점심시간 이후는 자유시간이란다.

텐트를 설치할 때마다 해가 내리쬐지 않는 방향을 잡으려고 동서남북을 찾느라 하늘을 쳐다본다. 게다가 거의 매일 우리 텐트를 설치할 때마다 나는 별로 도움이 못되고 오샘 혼자 힘을 쓰게 되니 오샘에게는 텐트를 설치하는 일이 보통 힘든 일이 아닌 것이다. 오샘과 나는 리빙스턴에서 루사카로 갈 때 배낭을 다시 꾸리는 과정에서 짐들이 뒤섞였기 때문에 짐을 다시 정리해야 해서 모든 짐들을 바깥으로 내놓고 짐 정리하느라 진땀을 흘렸다. 그런데 차의 캐비닛에 보관했던 오샘의 오리털 파카에 곰팡이가 생긴 것이다. 내 파카도 축축하다. 햇빛이 좋아 겸사겸사 파카와 침낭을 널고 밀린 빨랫거리를 빨아 널고 나니 개운하다. 그런데 좋던 날씨가 구름이 끼고 바람도 불지 않아 후덥지근하기만 하고 빨래가 전혀 마르지 않는다.

오늘부터 10명이 새로 편성된 조에 의해 분담된 역할을 해야 하는데 오늘 우리 조가 요리 담당이다. 삼미는 오샘과 나를 배려해서 전에 같은 조였던 스티븐과 타라를 이번에도 같은 조로 편성해 주었다. 스티븐은 요리하길 좋아해 스스로 앞장서서 요리하고 타라, 오샘, 나는 돕기만 했다. 감자볶음, 야채 데침, 돼지고기구이를 하는데 거의 2시간이나 걸려서 오늘도 역시나 8시 넘어 저녁식사가 이루어졌다.

오늘은 식사 후 항상 있었던 내일 일정에 대한 설명만으로 끝내지 않고 새로운 팀들과의 인사, 자기소개, 전체적인 앞으로의 일정에 대한 이야기로 오늘 하루를 마무리하였다.

우리 모두 여행이 끝날 때까지 건강하고 즐거운 마음으로 좋은 추억을 남길 수 있는 여행이 되기를….

2009년 12월 7일(월)

## 산야가 푸르고 땅이 비옥해 보이는 잠비아

[ 루사카Lusaka, 잠비아 오전7:00 출발 ···› 치파타Chipata, 잠비아 국경도시 오후4:30 도착 ]

잠비아 국경도시인 치파타까지 9시간~10시간 걸리는 일정이다. 아침 6시 식사, 7시 출발이다.

오늘 설거지 담당이어서 식사 후 출발 전까지 바쁠 것 같아 오샘과 나는 5시부터 서둘렀다. 물론 밤새 널어놓은 빨래는 그대로 물을 머금고 있다. 차 안에서 빨래를 말리면서 가는 수밖에 없다. 잠비아 수도인 루사카 시내를 통과하는데 출근시간이라 바쁜 걸음으로 출근하는 사람들과 약간의 교통 정체로 거리는 활기가 넘친다. 모처럼 사람 사는 곳을 보는 것 같다. 일정 때문에 루사카 시내는 잠시도 머무르지 않고 시내를 그냥 스쳐지나 오기만 한다.

오샘과 나는 리빙스턴에서 루사카 오는 길에서도 느꼈지만 잠비아는 나미비아, 보츠와나에 비해 산야가 푸르고 땅이 비옥하고 풍요로워 보인다. 초가지붕을 얹은 원뿔 모양의 농가가 있는 농촌마을이 가끔 나타나고 마을에 모여 있는 사람들, 놀고 있는 아이들, 공동 펌프장에서 물 긷는 사람들, 뙤약볕에 물통을 이고 가는 아낙들과 여자아이들, 비옥한 땅에서 일하고 있는 농부들, 화전민이 있는 마을이 영화 스크린처럼 지나간다.

너른 밭, 굽이굽이 산들이 둘러있는 한가로운 농촌마을들을 지나다가 말린 생선과 말린 생선구이를 파는 노점들, 장구, 소쿠리 등 토산품을 파는 가게들이 즐비하게 늘어선 곳이 나온다. 농촌마을에 갑자기 웬 생선인가 했는데 이곳을 지나니 곧 강이 흐르고 Luangua Bridge가 있는 주변 풍경이 아름다운데 모잠비크와의 국경지대라 사진을 찍을 수 없다. 더운 날씨에 노곤한지 다리 위의 경비 초소 앞에 있는 경비병이 졸고 있다. 치파타 쪽으로 가는 길은 녹색의 망고들이 주렁주렁 매달려 있는 고목의 망고나무들이 숲을 이루고 있기도 하다. 초가지붕이 안 보이더니 시멘트 건물들이 나타난다. 금호타이어 간판도 확 눈에 띈다. 반갑다. 우리나라에서 이런 먼 곳까지…. 치파타인 것이다.

치파타는 우리의 면 소재지 정도 되는 꽤 큰 국경도시다. 우리가 도

착한 시내에 여학교가 보인다. 더운데 삼미는 케이크를 사려고 대형 슈퍼마켓, 빵집 등을 계속 돌아다닌다. 시내를 지나 외곽에 위치한 캠프(MaMa's Rula)는 시설이 잘 되어있고 관리를 아주 잘하고 있는 것 같다. 리빙스턴, 루사카, 치파타를 오는 동안 본 잠비아는 활력이 넘치는 도시도 많고 농촌도 비옥한 땅이 펼쳐지지만 겉으로 보이는 그들의 생활 모습에 비해 이렇게 시설이 잘 되어있고 시설을 깨끗하게 유지하고 있는 것을 보고 조금은 놀랐다. 이런 외진 지역에 이런 시설을 한 것은 자본이 있고 선진국인 유럽인들이기에 가능한 것 같다. 그들이 강대국의 지위를 드러내는 면도 있지만, 긍정적인 측면도 인정해야 할 것 같다.

오늘 요리 담당인 안토니 부부가 음식 솜씨가 있어 빠른 시간에 스파게티를 맛있게 차려놓았다. 모처럼 저녁을 7시에 먹고 오늘은 안토니의 생일이라 케이크를 자르며 생일을 축하하였다.

2009년 12월 8일(화)

# 국토의 1/3를 차지하는 말라위 호수

치파타Chipata, 잠비아 오전8:00 출발 ···› 오전11:30-오후2:10 릴롱궤Lilongwe, 말라위 ···› 리빙스토니아 비치Livingstonia Beach 오후4:30 도착

치파타에서 30분 만에 국경에 도착하였다. 잠비아의 마그네틱스티커를 구하지 못하고 결국 잠비아의 기념이 될 만한 흔적을 남기지 못한 채 왠지 모르게 정이 가는 잠비아를 떠나야 한다.

아쉬움을 뒤로 하고 며칠 걸려 비자를 받은 말라위를 가기 위해 국경에 갔는데 생각보다 입국 수속은 일사천리로 빨리 끝났다. 국경에 개인 환전상이 있는데 안전하다고 해서 남은 잠비아 돈을 환전했다.

국경에서 릴롱궤까지 가는데 산이 전혀 보이질 않는다. 잠비아에서부터 계속 이어지는 같은 도로로 오고 말라위에 들어선 것뿐인데 집 형태가 우선 다르다. 주로 붉은 벽돌 건물에 모양은 반듯반듯한 사각형이고 초가지붕 모양이 우리 초가지붕과 비슷하다. 역시 비옥한 땅이 펼

NICO CENTRE
Metro

쳐지고 풍요로워 보인다. 그런데 바로 전 잠비아에 많던 망고나무들이 안 보인다. 토질에 차이가 있는 건가? 모르겠다. 국경에서 2시간을 달려가니 말라위의 수도 릴롱궤이다. 잠비아의 수도 루사카보다 거리도 건물들도 깨끗하고 더 활력이 넘쳐 보인다. 릴롱궤에 도착하니 자유시간 2시간을 주면서 이곳에서 시간을 보내고 점심은 각자 해결하란다. 환전하려고 은행에 가니 사람들이 많고 환전하는데도 1시간 넘게 걸렸다. 롸이언과 타라가 마음이 바쁠 텐데도 우리를 기다려주는 마음 씀씀이가 고마웠다.

식당에서도 30분 이상 기다려 음식이 나오니 벌써 1시 15분이다. 점심식사 후 계산하는데도 시간이 오래 걸린다. 오샘은 여기서 사지 않으면 잠비아에서처럼 마그네틱스티커를 못 살 것 같다며 점심 먹자마자 먼저 나간다. 모든 것이 오래 걸리는 바람에 점심 먹고 나니 집합하는 약속시간이 지났기 때문에 시내는 둘러보지도 못하고 곧바로 약속 장소에 가니 2시가 다 되었는데 팀원들이 삼미와 토니를 도와 쇼핑한 물건들을 싣고 있기도 하고 트럭버스 앞의 노점에서 그림을 사고 있어 다행이었다.

아스팔트가 녹을 정도의 땡볕인데 오샘은 땀을 뻘뻘 흘리며 급한 걸음으로 오고 있다. 물어물어 기념품점을 찾아가 샀단다. 오샘의 열정도 대단하고 그럴 때마다 죄송한 마음이다. 그나마 마그네틱스티커가 있어서 헛걸음하지 않아 다행이었다. 잠비아에서는 들리는 도시마다 그렇게 사려고 해도 못 샀는데. 그런데 시간이 없어 모기 퇴치약을 여기서도 못 샀다.

원래 출발 예정시간보다 40분이나 늦은 2시 10분에 센가 베이로 향해 출발하였다. 말라위를 가로질러 간다. 큰 공장들이 모여 있는 곳에

화물트럭들이 매우 많이 있다. 은행에도 사람이 많았는데 꽤 경제가 활성화되어있는 것 같다.

모처럼 멀리 나지막한 산들도 보이고 길도 약간씩 오르락내리락한다. 따뜻한 아니 햇빛 따가운 복사꽃 피는 농촌 마을, 목장들, 소 떼들도 자주 눈에 띈다. 이곳은 망고 나무들도 많다. 거의 2시간을 가니 말라위 호숫가 센가 베이의 리빙스토니아 비치이다. 내륙에 위치한 말라위에 있는 국토의 거의 1/3를 차지하는 말라위 호수가 마치 바다같이 보였다. 에메랄드빛을 발하는 맑고 깨끗하고 고요한 바다다. 하늘과 호수는 하나가 된 것 같은데 저 멀리 아득히 끝닿은 곳에 둥글게 쪽빛 수평선이 그려진다.

텐트를 치자마자 모두들 물속으로 뛰어 들어간다. 저녁을 먹고 설거지를 하는데 바람이 전혀 없고 후덥지근하고 끈적끈적하다. 텐트 덧문을 열어놓고 자는데 마치 소나기 쏟아지는 소리가 나서 내다보니 비가 오는 게 아니고 밤새 파도소리가 나무숲에 부딪히며 이렇게 시끄럽게 합창을 해대는 것이다. 덧문을 닫았는데도 소용없다. 텐트 안만 후덥지근해진

다. 덕분에 자다 깨다 푹 잘 수가 없다. 캠프장 시설이 좋다 했는데 이런 복병을 만나다니. 산 좋고 물 좋고 인심 좋은 곳 없다더니.

2009년 12월 9일(수)

## 동해안을 따라 7번 국도를 달리는 분위기

리빙스토니아 비치Livingstonia Beach 오전7:50 출발 ⋯› 칸데 비치Kande Beach 정오12:00 도착

아침 5시 10분 해가 수면 위로 떠오르면서 주위가 밝아져 텐트 밖으로 나오니 제일 먼저 커다란 원숭이가 나를 맞이한다. 구름 사이로 햇살이 비치고 바다 아니 호숫가에 하얀 물거품을 일으키며 파도치는 풍경이 한가하고 고즈넉하다. 모든 것을 놓아버린 듯하다. 이런 풍경이 밤새 나를 잠 못 이루게 했나 싶다. 마치 모든 것이 멈추어 버린 듯한 세

상, 이른 아침 아무도 없는 호숫가에서 부지런한 일꾼이 모래벌판을 편편하게 하는 작업을 혼자 쉬임없이 하고 있다.

호숫가 모래벌판을 걷다가 잠시 아무도 없는 마치 호숫가 풍경과 나만이 세상에 있는 듯한 착각 속에 빠져든다. 내 맘대로 호숫가 풍경 사진을 마구 사진기에 담아본다. 어느새 텐트 문들을 하나, 둘 열고 사람들이 나온다.

말라위 동쪽에 위치한 말라위 호수는 길이 600km, 폭이 85km인 바다같이 크고 기다란 호수다. 오늘도 이곳을 떠나 길이 600km 호숫가에 여러 개의 비치가 있는데 그중 하나인 거의 호수 북쪽에 위치한 칸데 비치로 향한다. 1시간 40분쯤 달려가니 작은 도시가 있는데 교복을 입은 60여 명 남자 고등학생들이 대열을 맞춰 학교 쪽으로 행진하고 있다. 우리 차가 주유소에 정차하니 먼지가 풀풀 일어나는 거리에서 담벼락을 끼고 놀던 아이들이 일제히 우리들을 향해 반짝이는 눈망울로 밝은 표정들을 짓는다. 순수 그 자체다.

도시를 벗어나 칸데 비치로 향하는 길은 농촌마을, 목장, 학교, 농부들, 펌프가 있는 공동 수돗가에 모인 사람들, 양동이를 이고 가는 기다란 전통복장을 한 아낙네들이 보이고 마치 우리나라 7번 국도로 동해안을 따라가는 분위기이다. 그렇게 호수를 옆에 끼기기도 하고 멀어지기도 하면서 12시쯤 칸데 비치에 도착하니 모두들 캠프의 해변 분위기에 만족해하는 표정들이다. 이곳에서는 각자 여러 수중운동에 참가하면서 2박을 한단다. 여기서는 방을 빌릴 수도 있단다. 그런데 남아있는 방들의 위치가 전망이 좋지 않아 우리는 텐트를 치고 있기로 했다. 텐트장 위치가 좋다.

우리도 결국은 더위에 굴복했다. 오샘과 나는 처음으로 물속으로 들어갔는데 낮 3시 30분이라서 그런지 물이 따뜻하다. 호수여서 밀물, 썰물도 없고 꽤 멀리까지도 수심이 깊지 않아 물에서 우리 팀원들과 잠깐 공 던지기를 하고 나오니 시원해졌다.

오늘 저녁은 우리 조가 요리 담당이다. 역시 자타가 공인하는 일류 셰프인 스티븐은 닭꼬치 바베큐와 밥을 하겠단다. 스티븐은 밥에 얹어 먹을 망고소스를 만드느라 망고를 수십 개 손질하고 양파, 토마토 그 외 여러 가지 양념을 넣고 정성을 다한다. 망고소스 만드는 데만 1시간 30분이 걸렸다. 다행히 소스 맛을 보고 모두들 맛있다고 한다. 오샘과 나는 처음 맛보는 소스인데 솔직히 맛있는 건지 모르겠다. 밥에 얹는 소스로서는 달다는 느낌이다. 타라, 오샘, 나는 닭꼬치를 만들고 닭꼬치 굽는 것은 또 스티븐 몫이다. 우리는 옆에서 보기만 하는데도 덥고 끈끈한데 스티븐은 불 앞에서 땀을 뻘뻘 흘리며 프라이팬에 꼬치를 정성스럽게 굽는다. 꼬치를 구우면서 스티븐은 동시에 물을 계속 끓이면서 쌀을 넣고 가끔 저어가며 밥도 한다. 역시 2시간 30분이나 걸려 8시 30분에 정성이 가득 담긴 저녁을 먹는데 늦었지만 맛있는 특식에 모두들 흐뭇한 표정들이다. 역시 삼미의 내일 일정에 대한 오리엔테이션으로 저녁을 마무리한다.

모처럼 텐트 안이 눅눅하지 않고 잘 만하다.

2009년 12월 10일(목)

# 칸데 비치 Kande Beach

오늘 하루 완전히 자유시간이 주어졌다. 게다가 오늘 우리 조는 패킹 담당인데 오늘은 패킹할 일이 없다. 어젯밤에는 선선하더니 해 뜨자마자 더워지기 시작한다. 아침부터 물속에 들어갔다 나온 후 정원에 잘 마련되어 있는 휴식 공간에서 그동안 미루어 두었던 일들을 모두 정리하였다. 저녁시간 아직 텐트 안은 더운데 다행히 이곳은 모기가 적은 편이라 저녁식사 후에도 바깥에서 시원하게 있을 수 있었다. 내일부터는 또 바삐 움직여야 할 것 같다.

2009년 12월 11일(금)

# 빼어난 조각 솜씨

[ 칸데 비치Kande Beach 오전8:10 출발 ··· 치팀바Chitimba 오후1:00 도착 ]

오늘은 이동하는데 여유 있는 일정이라 8시 10분 느긋이 출발하였다. 벌써 햇볕이 따갑다. 아직도 동해안 해안도로를 따라가는 분위기이다. 집들이 더 깨끗하고 커 보이더니 꽤 세련된 도시가 나온다. 음주주(Mjuju)라는 도시다. 그곳 슈퍼마켓에서 모자라는 식품을 보충하고 우리도 드디어 바르는 모기 퇴치약를 구입했다. 개운하다.

음주주를 거쳐 국경에 가까이 있는 치텀바로 가는 길은 내륙으로 이어진다. 캠프가 있을 것 같지 않은 시골길을 따라가니 조각품을 파는 상점들이 양쪽으로 즐비하게 들어서 있는 캠프 입구가 보인다. 그동안 다녔던 캠프들은 안전을 위해 외부로 통하는 모든 문이 항상 닫혀있고 캠프 이용객이 드나들 때만 문을 열어주고 나름대로 경비를 하는 것 같았다. 안전을 위해 어떤 경우는 가이드인 삼미가 차 안에서 자는 경우도 있다. 이곳 역시 우리 트럭버스가 캠프 입구에 다가가니 굳게 닫힌 큰문을 열어준다.

한창 뜨거운 시간에 도착해서인지 점심 먹고 텐트를 설치하자마자 텐트에 들어갈 엄두를 못 내고 모두들 비실비실 휴게소나 시원한 장소를 찾아가 눕거나 편한 자세로 쉰다. 더운데도 불구하고 이곳은 물이 귀해 샤워시설이나 화장실 사용이 불편하고 제한적이다. 캠프 입구 쪽으로 가니 타라가 상점에서 사 온 조각품들을 자랑한다. 우리도 조각품 상점으로 갔는데 조각품에 바르는 색칠 냄새가 역겹고 진동을 한다. 상점에 있던 스티븐도 우리를 보더니 구입한 여러 가지 조각품들을 자랑한다. 가격도 비싸지 않은 것 같고 아프리카인들의 모습을 잘 표현한 조각 솜씨들이 매우 빼어나다. 탄자니아를 가기 위한 중간 기착지인 치팀바 캠프에서는 환경도 그렇고 조각품 상점을 둘러보는 것 이외는 별로 볼만한 것도 경험할만한 것도 없다. 내일은 국경도 지나야 하고 이동거리도 멀어 일찌감치 서둘러야 한단다.

---

2009년 12월 12일(토)

## 이링가에서 한국인 봉사자 만남

치팀바Chitimba 오전6:10 출발 ⋯› 오전8:00~9:00 말라위국경 ⋯› 오전10:20 현지시간 탄자니아국경 ⋯› 음베야Mbeya 정오12:00 도착 ⋯› 이링가Iringa 오후 5:00 도착

오늘은 말라위와 탄자니아국경을 지나 이링가까지 10시간~ 11시간 걸리는 긴 여정이다. 아침 5시 30분 식사, 6시 10분 출발하느라 설거지도 못하고 출발하였다. 역시 강원도 해안도로를 따라 풍요로운 농촌 풍경

이 펼쳐진다. 벌써 햇살이 따갑지만, 아침 이른 시간이어서인지 밭에서 일하는 농부들이 많이 보인다.

출발한지 2시간만인 8시쯤부터 말라위 국경, 탄자니아 국경을 지나는데 말라위 국경 화장실은 너무 지저분하다. 탄자니아 국경에서는 화장실 사용료를 50실링이나 달라고 해 모두들 그냥 돌아왔다. 탄자니아 국경을 지나니 산에 숲이 더욱 우거져 있고 듬성듬성 바나나나무가 있고 맑고 새파란 하늘과 맞닿아 녹색의 싱그런 차밭이 산들을 타고 굽이굽이 펼쳐지더니 차밭이 줄어들면서 이제는 바나나밭이 한없이 펼쳐진다.

우리 트럭버스가 끙끙대며 올라가면서 이번엔 옥수수밭, 다음엔 감자밭이 이어지고 감자밭이 많은 고지대에는 팔러 갈 감자 자루들이 길가에 늘어서 있더니, 이어서 숯자루가 늘어서 있다. 마치 지형이나 기온, 분위기가 평창에 와 있는 것 같다. 그렇게 끈적끈적하고 덥더니 차에 불어 들어오는 바람이 차게 느껴질 정도다. 한낮인데도 밭에서 일하는 사람들이 있고 마을도 자주 나타나는 걸 보니 살기 좋은 기온인 것 같다. 기독교교회나 무슬림교회도 가끔 있다. 이곳이 고지대여서 대신 우리 트럭버스는 조금 힘들게 간다.

치팀바에서 동쪽으로 계속 이동했더니 탄자니아에서는 말라위보다 시차가 1시간 빨라졌다. 해발 2,625.6m인 카루웨산이 있는 도시 음베야에서 점심식사를 하려니 현지 시간 12시 30분 그러니까 우리 배꼽시계는 11시 30분에 먹는 셈이다. 모처럼 시원한 날씨를 느껴본다. 약 22~23℃ 정도인 것 같다.

염소떼를 몰던 아이들 여러 명이 점심을 먹고 있는 우리에게 몰려온다. 롸이언은 아이들에게 있는 빵을 골고루 나누어주느라 애쓴다. 형편이 어려워 학교를 못 가서인지 토요일이어서 학교를 안 가서인지 이 시

간에 왜 아이들이 많은 건지 잘 모르겠다. 아프리카에 와서 그동안 지나는 마을마다 낮 시간에 밖에 나와 있는 아이들, 젊은이들, 노인들을 많이 본다. 도로에 화물차들이 많아 속력을 내기 어렵다. 아프리카에 와서 모처럼 이동하고 있는 많은 화물차들을 본다.

7시간쯤 걸려 산을 모두 넘어 동쪽으로 갈수록 차안으로 더운 바람이 들어온다. 햇볕이 강렬하게 내리쬐면서 야자수, 선인장, 망고나무들이 많아지고 열대의 모습을 드러낸다. 대낮에 그 뜨거운 햇볕을 받으면서도 집 바깥에 삼삼오오 모여 있기도 하고 재봉틀을 집 밖에 내놓고 옷 수선하는 집이 있는 걸 보니 비가 오더라도 땅이 금방 마르는가보다.

이링가까지 가는 도로변에 마을이 자주 나타나고 마을마다 사람들이 많다. 탄자니아 인구가 약 4,000만 명이라더니 역시 화물차도 많이 다니

고 사람들도 많고 가게들도 많고 거리가 분주하다. 열대과일도 많아 도로변에는 아이 어른할 것 없이 과일바구니를 머리에 이고 과일행상을 하는 사람들이 많다. 이들은 차들이 있으면 앞다투어 달려든다. 어디나 사람 사는 모습은 비슷한 것 같다.

이링가 캠프에 가니 삼미는 저녁식사를 하러 온 한국 여학생들이 있다고 우리에게 알려준다. 우리는 텐트를 설치하자마자 반가운 마음에 얼른 가서 그들을 만나니 무척 반가워한다. 이곳 이링가에 교사, 간호원으로 파견 나와 있는데 한국에서 온지 6개월 되었단다. 6개월 만에 이곳 이링가에서 처음 한국 사람을 만나는 거라 놀랐단다. 꿈인지 생시인지 모르겠단다. 얼마나 집이 그리웠으면 그럴까. 어쨌든 우리 젊은이들이 대견하고 흐뭇하다.

이링가는 덥지도 않고 살기 좋은 곳이고 이곳 부모들은 어떻게 해서든지 아이들을 학교에 보내고 교육열이 매우 높단다. 이곳 학교는 3개월 방학인데 방학한지 얼마 안 되었단다. 이 캠프의 식당 음식이 맛있어서 모처럼 왔단다. 이곳은 식당과 휴게실 건물이 따로 떨어져 있는데 음료를 파는 휴게실에서 기다렸다가 온 순서대로 식당으로 안내되어 식사를 하는 시스템이다. 그래서 우리는 서로 저녁시간이 달라 만나자마자 아쉽게 헤어져야만 했다.

오늘 저녁식사는 우리가 준비하는 것이 아니고 이 캠프의 식당에서 먹는단다. 전깃불도 없는 이런 외진 곳에 넓게 차지한 캠프는 경내 조경도 시설도 매우 잘 되어있어 아늑한 분위기다. 흔히 우리가 생각하는 빈곤한 아프리카인가 할 정도로 실감이 되지 않는다. 캠프인데도 세련되고 우아한 식당 분위기이다. 이곳 역시 종업원들은 흑인들이고 여주인은 백인이다. 이 트럭여행을 기획하는 여행사에서는 오랜 시간 이동하거나 힘든 일정을 며칠 지낸 후에는 가끔 이런 기회를 마련하는 것 같다. 물론 음료숫값은 각자 계산한다. 그런데 이렇게 식당에서 식사하는 경우 음료가 나온 후 기다리기 시작하면서 2시간 정도 걸리니 저녁식사가 9시 30분이나 10시나 되어야 끝난다. 비록 텐트에서 자는 배낭여행자 처지이지만 오늘 저녁식사는 종업원들의 예의 있는 서비스를 받으며 우아한 분위기에서 이루어졌다. 오늘 저녁 이 식당에서 우리가 마지막으로 식사하는 팀인 것 같다. 식사가 마무리될 때쯤 여주인이 오더니 우리 각자에게 한 사람마다 어디에서 왔느냐는 물음을 시작으로 친근감을 나타내면서 환영인사를 하고 간단한 케이크를 후식으로 제공한다.

이 캠프는 조경도 잘 되어있고 샤워장, 화장실 등 모든 시설이 친환경적으로 아주 깨끗하고 세련되게 잘 되어있는데 전기 공급이 부족해 해가 지니 그 넓은 캠프가 온통 암흑이다. 손전등이 없으면 별빛을 따라가기 전에는 한 발자국도 뗄 수가 없다. 그나마 날이 흐려서 밤에 비가 쏟아지지 않기를 바라며 잠을 청했다.

---

2009년 12월 13일(일)

## 도로변에서 사자가 동물의 왕임을 확인

[ 이링가Iringa 오전6:10 출발 ···› 오전10:20 미쿠미Mikumi 국립공원 경유 ···› 다르 에스 살람Dar es Salaam 오후5:00 도착 ]

어제와 같은 6시 출발이지만 아직 시차에 적응이 안 되어 실제 5시 출발이나 마찬가지다. 이곳은 아직 해가 뜨지 않아 더군다나 전깃불도 없어 주위가 캄캄한데도 눈 비벼가며 텐트를 접고 아침식사를 하고 부지런히 모든 집기들을 정리하고 설거지는 못 한 채 어김없이 목적지를 향해 출발한다. 오늘도 어제처럼 10분 정도 출발시간이 늦어졌다.

높은 지대를 지나가는 동안은 계속 강원도의 산야를 지나가는 느낌이다. 다른 나라에 와 있다는 생각을 잠시 잊게 한다. 옥수수밭, 양파밭, 숯자루가 이어지고 뜨거운 열대지역에 와 있다는 느낌이 들지 않을 정도로 선선하기까지 한 전혀 다른 곳이다. 중간에 도로 공사가 있어 2시간 정도 심하게 덜컹거리는 트럭버스를 타고 갔지만 오르락내리락하며 가는 도로 주변 풍경이 전혀 지루하지 않고 다양하다. 풍경이 아름다운 음악을 들려주는 것 같다. 그 누구에게도 방해받지 않을 것 같다. 한가로운 풍경이다.

출발한지 4시간쯤 되니 미쿠미국립공원을 지나는데 국립공원 안 도로변에 사자가 자기가 죽인 커다란 동물을 옆에 놓고 능청스럽게 오고 가는 차들을 쳐다보고 있다. 텔레비전에서만 볼 수 있었던 이런 약육강식의 현장을 생각지도 않은 곳에서 접하게 되다니. 모두들 흥분해서 차창을 통해 사자를 보면서 가는데 코끼리, 기린, 임팔라, 톰슨가젤 등이 어우러져 차들이 많이 다니는 길가 숲에서 노닐고 있다. 이렇게 지나가는 길에서 어렵지 않게 다양한 동물들을 만나다니. 아프리카가 동물의 왕국이라는 것이 조금은 실감나는 것 같다.

버스, 화물차, 도로 공사 등 도로 사정 때문에 교통이 원활치 않아 모로고로를 지나 찰린제에 오후 1시 20분 되어서야 도착해 점심식사를 하게 되었다. 아침을 새벽 5시 20분에 먹었으니 꽤 늦은 점심인데 다행히 평소처럼 점심을 길에서 차려 먹지 않고 모처럼 뷔페식당에서 먹는다. 이제 목적지까지 120km밖에 안 남았지만 여러 도로교통 요인들 때문에 언제 도착할지 모른단다. 도로변에 집도, 사람도, 가게도 많아지고 사람들로 북적이는 시장도 나오더니 아름다운 인도양 해안가에 위치한 탄자니아의 옛 수도 '다르 에스 살람'에 들어섰다. 다르 에스 살람은 아랍어로 '평화의 땅'이라는 뜻이란다. 탄자니아에서 가장 큰 도시라더니 역시 빌딩도 많고 많은 자동차들이 도로를 메운 활기 넘치는 대도시이다.

바다를 끼고 반도처럼 삐져나온 곳에 위치한 우리 캠프 쪽으로 가는 길은 많은 차 때문에 교통 정체가 극심하다. 정체되는 동안 차 안에서

스티븐이 신나는 음악을 크게 틀어주니 리나는 수영복 차림으로 음악에 맞춰 차 안에서 댄스를 한다. 자동차 밖에 있는 사람들이 우리 차 안을 흥미 있는 표정으로 들여다보고 웃는다.

교통 정체가 너무 심해 우리는 중간에 차에서 내려 선착장까지 걸어가서 배를 타고 반도로 건너갔다.

캠프에 도착하니 5시. 오늘도 이동하는데 11시간이나 걸린 셈이다. 어제, 오늘 계속 이동하는데 강행군인데다 덥긴 하고 교통 정체 때문에 모두들 지친 모습들이다. 캠프의 다른 여행사 팀들은 저녁식사 준비로 바쁜데 우리는 오늘도 캠프 내 식당에서 저녁을 먹는다고 하니 모두들 좋아한다. 음료숫값은 각자 지불하고 저녁 식사비는 여행사에서 지불을 해준단다. 텐트를 설치하고 샤워하자마자 모두들 식당으로 향한다. 음료수를 제외하고 가장 싼 음식이 10,000실링이니 우리나라 10,000원 돈이다. 어쨌든 음식 맛은 괜찮아 다행이었다. 식사 후 내일 잔지바르 섬으로 가져갈 짐을 챙기는데 더위에 온몸이 끈적끈적하다. 잔지바르에서 세탁할 수 있다고 해 곰팡이 생긴 겨울 파카 등 빨랫거리를 챙기니 매일 빨래를 했는데도 배낭 1개는 완전히 빨랫거리로 꽉 채워진다.

2009년 12월 14일(월)

# 잔지바르:
# 탄자니아에 속하면서 입국심사가 있고 탄자니아 국기와 다른 기를 사용

다르 에스 살람Dar es Salaam캠프 오전7:30 출발 ···› 택시와 미니버스로 이동 ···› 선착장 오전8:30-11:00 ···› 페리로 이동 ···› 잔지바르Zanzibar선착장 오후1:30 도착 ···› 봉고로 이동 ···› 오후3:45-5:30 Spice농장 관광

오늘은 탄자니아에 속하는 섬이면서도 입국심사를 받아야만 들어갈 수 있는 잔지바르로 가는 날이다. 아침 7시 30분 캠프에서 택시로 가서 다시 미니버스로 갈아타고 선착장으로 이동하니 아침 8시 30분이다. 이곳 선착장도 역시 사람들로 북적인다. 10시 30분까지 각자 자유 시간이 주어졌다. 우선 모두들 환전하러 환전소에 갔다가 오샘과 나는 애들한테 전화하려고 하는데 인터넷 카페도, 우체국도, 공중전화도 전화가 안 되어 결국 집에 전화를 못했다. 벌써 햇볕도 따갑고 날이 더워 더 이상 시내를 돌아다니기가 싫다.

잔지바르에서 3박 4일 동안 먹을 생수만 사서 곧바로 9시 30분에 선착장으로 돌아왔다. 11시 배를 타고 인도양을 건너 잔지바르로 가는데 이상하게 피곤하다. 고요한 바다 위를 배가 사르르 이동한다. 어느새 잠이 들어 배에서 1시간은 잤다. 같은 탄자니아 국가에 속하는 잔지바르에 도착하니 입국카드를 쓰고 입국심사를 받는다. 여권이 있어야 한다. 잔

지바르 기는 탄자니아 국기와 다른데 화폐는 탄자니아 화폐를 쓴다. 탕가니카와 잔지바르가 합해져 탄자니아가 된 것이다. 잔지바르는 인구가 100만 명 정도이고 무슬림이 95%란다.

스톤 타운에 있는 숙소에 도착해 짐을 내려놓은 후 역시 무슬림인 현지 가이드의 안내로 봉고를 타고 스파이스 농장으로 출발했다. 잔지바르는 커피와 향료가 유명한 곳이란다. 현지인 집에 가서 현지식으로 점심을 먹고 나니 3시다. 이 집은 다른 집들보다 크고 좋은데 "헤나"를 하는 집이다. 무슬림 여주인은 자기 아이들, 둘째 부인, 둘째 부인의 아이들까지 유창한 영어로 소개한 후 "헤나"를 그리기를 권한다. 헤나를 그린 후 1시간은 지나야 마르고 그 후에 떼어내면 그린 헤나가 드러난다고 설명한다. 리나, 안나, 타라가 스케치해 놓은 노트에서 무늬를 고르고 24살인 여주인의 딸이 능숙한 솜씨로 헤나를 그린다. 헤나를 다 그린 후 스파이스 농장으로 향했다. 농장에서 향료를 얻는 여러 식물을 둘러보는데 모기가 많아 계속 물린다. 농장을 나온 후 바깥에 술탄들의 묘지가 있는 술탄의 궁전인 Beit el-Sahel, 노예시장과 이곳에 있는 Anglican Cathedral, 스와힐리 문명과 스톤 타운의 역사에 관한 것이 전시되어 있는 국립박물관을 돌아보았다.

저녁을 먹으러 해안가를 따라 식당으로 가는데 온통 깜깜하다. 전깃불이 없다. 그런데 가로등이 많이 켜져 있는 곳이 있어 물어보니 저녁에만 열리는 대중식당들이 있는 곳이란다. 어제 캠프 식당에서 먹은 음식이 괜찮았던 것 같아 오늘 저녁도 똑같은 것을 주문했는데 맛이 없다. 이곳에서는 꽤 크고 고급 음식점인 것 같은데. 잔지바르에서의 숙박비, 식사비, 교통비는 각자가 부담해야 한다.

식사 후 숙소에 돌아와서부터 문제가 생겼다. 사전에 아무런 정보도 없었는데 전기도 안 들어오고 물도 안 나오는 것이다. 물이 안 나와 화장실 사용도 그렇고 세수도 못하고 양치질은 그나마 생수 사 온 것이 있어 겨우 하고. 전기가 안 들어오니 모든 것이 올 스톱이다. 선풍기도 작동이 안 되고 모기 때문에 창문을 모두 닫고 모기향을 켜놓으니 방안이 후덥지근한데 공기 통하는 구멍이 하나도 없다. 완전히 우리가 통닭찜이 되는 것 같다. 이곳에 올 때는 텐트에서 자지 않게 되어 기대하고 왔는데 기대는 고사하고 너무 심하다는 생각이 든다. 참다못해 굵은 창살이 있지만 창문을 열어 놓았는데 다행히 모기가 없다. 창문을 열어놓았는데도 바람도 안 통하고 시원하지 않아 이대로 후덥지근한 더위와 함께 밤을 지새워야 할 것 같다.

2009년 12월 15일(화)

# 인권 유린 현장 노예시장

오전10:00-12:00 스톤 타운Stone Town 관광 ··· 오후2:30 스톤 타운에서 봉고 타고 출발 ··· 선셋 비치Sunset Beach 오후3:40 도착

7시 아침식사. 7시 30분에 돌고래 관광을 간다고 했는데 오샘과 나는 돌고래 관광 대신 스톤 타운을 둘러보기로 했다. 뒤척이다 아침 6시에 물을 틀어보니 물이 안 나온다. 물도, 전기도 안 들어오고 리셉션으로 내려가는데 숙소 건물 내부는 온통 어둠에 휩싸여 있고 계단과 복도에 램프불이 몇 개 있을 뿐 조용하다. 1층 리셉션에도 식당에도 아무도 없는데 어디선가 쫄쫄 물소리가 나길래 가보니 한구석에서 종업원이 물을 받고 있다. 세수를 어떻게 하느냐고 물어보니 물 한 양동이를 받아 1층에서 3층까지 갖다 준다. 힘들여 갖다 준 것은 고맙지만 어이가 없는데, 7시 15분쯤 되니 발전기 소리가 시끄럽게 나더니 전기가 들어오고 물론 졸졸 나오는 물이지만 물이 나오기 시작한다. 7시 아침식사, 7시 30분 출발인데 이제서 발전기를 돌리면 어쩌노. 어쨌든 샤워를 할 수 있어 다행이다. 샤워를 하고 식당에 내려가니 우리 식구들은 아무도 없다. 예정대로 관광에 나서느라 모두들 체크아웃을 한 것 같다.

오샘과 나는 10시쯤 체크아웃을 하고 배낭을 맡긴 후 우선 애들한테 전화하려고 우체국에 갔는데 전화할 수 있는 곳을 다른 곳을 가르쳐 준다. 그곳에 가니 1시간 후에나 오란다. 얼마 걷지 않았는데 벌써 덥다.

스톤 타운은 좁은 골목들로 이루어져 있고 좁은 골목을 따라 빽빽이 들어서있는 2, 3층 건물들, 대문 장식, 대문 무늬 등이 이슬람 문화를 그대로 드러낸다. SMZ라고 쓰여 있는 행정관청이 많이 있는 곳까지 갔다가 어제는 자동차로 갔었지만 제대로 관람하지 못한 노예시장을 다시 찾아 가느라 좁은 골목들을 계속 돌아가는데 마치 모로코의 메디나와 같은 미로를 가는 것 같다. 무슬림들이 살고 있는 집, 그들이 하는 가게들이 다닥다닥 이어져 있고 골목에는 많은 무슬림들이 나와 있다. 나중에는 골목들이 괜히 음침하고 무서운 생각이 들어 더 이상 노예시장은 찾지 못하고 바닷가 쪽으로 나왔다. 다시 숙소 쪽으로 와서 집에 전화하려고 몇 군데 물어보니 전부 전화가 안 된다고 해서 1시간 후에 오라고 했던 가게에 가니 또 다른 곳을 가르쳐 주는데 거기서 귀인을 만났다. 한 청년이 우리를 보더니 "아버지"라는 말을 하는 것이다. "안녕"이라는 말이 아니고. 순간 깜짝 놀랐다. 책상에 작은 태극기 깃발도 꽂혀 있다. 한국에 있었느냐고 물으니 충남 부여에 있었단다. 자기 핸드폰으로 전화를 해주면서 분당 요금을 받는데 너무 고마웠다. 캠프만 다니니 잘 연락을 못해서 미안했는데 오랜만에 애들 목소리를 들으니 너무 반갑다. 이곳은 매우 더운데 서울은 춥단다. 전화를 끝내고 그 청년에게 노예시장을 물어보고 찾아가는데 성당이 나와 이상하다면서도 성당으로 들어가는데 그 청년이 쫓아오더니 그 성당이 아니라면서 여기서부터는 걸어서 10분 정도 걸린다며 자기가 길을 안내한다.

노예시장은 조금 전 갔었던 성당과는 다른 성당 앞에 위치해 있었다. 노예들이 감금되었던 빛을 차단시킨 성당 지하에 가니 가슴이 먹먹해진다. 같은 사람끼리 이렇게 인권을 유린할 수 있나 하는 생각이 든다. 노

예시장에 끌려 온 노예들의 조각상이 있는 조그마한 광장을 돌아보고 나오는데 이런 일이 다시는 생기지 않았으면 하는 마음이다. 고마운 마음에 같이 점심을 먹으려고 했는데 그 청년은 다시 우리 숙소까지 안내해 주고 한사코 괜찮다며 그냥 돌아가는 것이다. 친절한 청년! 대단히 고맙습니다. 복 많이 받으세요.

음식 종류보다는 시원한 식당을 찾는다고 돌아다니다 막상 찾고 보니 숙소 바로 앞에 시원한 식당이 있는 것이다. 결국은 바닷가에 있는 전망이 좋은 그 식당에서 더위를 식힐 수 있었다. 약속 시간인 1시 30분까지 숙소에 가니 돌고래관광에 나섰던 우리 식구들이 돌아오는데 지친 표정들이다. 어젯밤 숙소 환경이 너무 열악했기 때문에 전혀 피로가 안 풀린 채로 더운 날씨에 돌고래관광을 해서 그런 것 같다.

잔지바르의 북쪽 켄드와에 있는 선셋 비치로 향해 봉고차로 2시 30분에 출발하였다. 더운 날씨에 이곳 여자들은 어린이부터 어른들까지 모두 머리부터 온몸을 덮고 다니는 걸 보면 안쓰러워 보인다. 내 짧은 생각엔 종교를 떠나 어쨌든 더운 건 더운 거니까. 무슬림 여학생들을 사진 찍으면 몰매를 맞을 수도 있다고 해서 사진 찍는 것을 포기했다.

우리 농촌의 진흙집 같은 형태의 집들이 길가에 많이 보인다. 옷가게, 플라스틱 그릇가게도 종종 보인다. 꽤 규모가 크고 시설도 잘해놓은 선셋 비치도 자가발전을 하는데 전기, 수도 공급이 제한적이다. 아침 7시~아침 8시, 저녁 6시~저녁 9시까지만 전기, 물이 공급된단다. 선셋 비치 입구에 들어서니 물과 전기를 아껴 써 달라는 안내문도 있다. 하지만 우리가 도착한 시각은 한창 더운 대낮인데 그때 물이 안 나온다니 다소 짜증이 난다. 물이 안 나오면 더운 것뿐만 아니라 샤워는 고사하고 화장실이고 손 씻는 것 등 모두 안 되니까 답답하다.

창문은 물론 침대에 모기장을 설치해 놓은 걸 보니 모기가 많은가 보다. 답답한 마음에 바닷가로 갔다. 답답한 마음으로 갔는데도 하얗고 넓은 모래밭, 저 멀리까지 시원하게 펼쳐진 쪽빛을 발하는 바다를 보니 가슴이 탁 트이는 것 같다. 바닷가에 쉴 수 있는 공간인 휴게소가 잘 되어있다. 패브릭을 파는 행상이 왔는데 지금 돈이 없다니까 다음에 달라고 해 햇볕도 가릴 겸 패브릭을 산 후, 바닥이 보일 정도로 맑은 인도양에 몸을 담그고 나오니 시원하니 살 것 같다. 물 나오는 시간까지 휴게소에서 쉬고, 어제저녁 음식이 맛이 없었기에 오늘은 저녁때 피자를 주문했는데 크기만 크고 맛이 없다. 2/3나 남아서 싸 왔다. 내일은 아침부터 바닷가 휴게소로 출근해야겠다.

2009년 12월 16일(수)

## 선셋 비치Sunset Beach

밤에 소나기가 꽤 오랜 시간 쏟아졌었는데 아침에 보니 비 온 흔적이 없다. 아침 식사하러 가서 보니 누가 시킨 것도 아닌데 나이 많은 사람들부터 차례로 식당에 나타난다. 모두들 한바탕 웃을 수밖에…. 식사하고 양치질을 하려고 하는데 단수시간이 아닌데 물이 안 나온다. 역시 양치질은 생수로 할 수밖에 없다. 세탁물을 챙기는데 세탁물이 들어 있던 배낭에 작은 개미들이 왜 그렇게 많이 모여들었는지 알 수가 없다. 내일이나 세탁물을 찾을 수 있다고 한다. 이곳은 체크아웃 시간이 오전 10시이니까 내일 아침에 바쁘게 허덕거릴 것 같다.

세탁물을 맡기자마자 바닷가 휴게소에서 하루 종일 보낼 생각을 하고 소일거리를 챙겨 아예 수영복 차림으로 휴게소로 갔다. 또 금방 비가 20분 정도 퍼부었는데 아침인데도 불구하고 비가 그치자마자 땅이 말랐다. 잔잔한 물결이 일렁이는 에메랄드빛 인도양이 눈부시다. 눈앞에 있는 것만으로도 내 마음이 저절로 맑아지는 듯한 바다를 바라보면서 오늘 지금 이 순간만이라도 한껏 넉넉한 시간을 누리고 있다. 내일 더위는 내일 맞이하기로 하고. 저녁때 7시가 되어서야 물이 나오더니 그나마 식당에 오니 물도 안 나오고 전기까지 들어오지 않는다. 식당의 식탁에만 촛불이 1개씩만 켜져 있고 온통 주위가 깜깜하다. 그런데도 음식 주문을 받는다. 주문한 음료수를 마시면서 음식이 나오기를 기다리는데 팀원들이 다른 식당으로 가자고 한다. 그래서 식당에 양해를 구하고 음

료숫값을 지불하고 가려고 하는데 주문한 음식이 나오는 것이다. 우리를 배려해 준 팀원들에게 미안하게도 함께 저녁식사를 할 수 없었다. 이런 환경에 이미 준비가 다 되어있는 건지 물은 받아놓는다 하더라도 전기가 안 들어오는데 어떻게 음식을 하는지 모르겠다.

밤에 창문을 열어놓았는데도 방 안이 후덥지근하다. 전기가 안 들어오니 선풍기는 있으나 마나이고 전깃불도 못 켜니 어둡고 더 더운 것 같은 기분이다. 물론 물도 안 나오고. 낮에 가졌던 여유로움은 전혀 생각나지 않는다.

2009년 12월 17일(목)

# 페브릭 값 지불 못함

오전9:30 선셋 비치Sunset Beach에서 봉고 타고 출발 ⋯▸ 선착장아프리카호텔 오전 10:40 도착 ⋯▸ 오전11:00-12:00 휴식 ⋯▸ 페리로 갈아탄 후 오후1:00 출발 ⋯▸ 다르 에스 살람Dar es Salaam 선착장 오후3:10 도착

아침 6시부터 전기, 물이 공급된다더니 오늘은 8시가 되어서야 전기와 물이 나온다. 물 나오기만 기다리다 시간이 없어 7시 30분쯤 밥을 먼저 먹으러 식당에 갔는데 전기가 들어오지 않아 빵을 토스트해 주지 못한단다. 그동안 전기에 대해 아쉬움 없이 지내는 것이 참으로 행복한 것이라는 것을 뼈저리게 체험하는 것 같다.

어제 아침에 세탁물 맡긴 것도 아직 마르지 않은 상태로 찾아올 수밖에 없었다. 오리털 잠바는 세탁 맡기면 잘못하다가 더 곰팡이가 생길 것 같아 삼미에게 사연을 이야기하고 오리털 잠바를 주었더니 너무 좋아한다. 8시부터 나오던 물이 그나마 9시도 안 되었는데 나오지 않는다. 손님들이 맡기는 그 많은 빨래를 어떻게 하는지 모르겠다.

패브릭을 파는 아줌마를 어제도 하루 종일 찾았는데도 만나지 못했다. 오늘 아침 안내데스크에 직원들이 많이 있어 그 행상 아줌마 이야기를 했는데도 결국은 만나지 못해 패브릭 값을 주지 못하고 떠나 마음이 편치 않다.

오늘은 34일 동안 같이 다녔던 리나와 헤어지는 날이다. 아쉬운 마음

에 선셋 비치 캠프 입구에서 단체사진을 찍고 선착장으로 향했다. 선착장으로 가는 길에 100여 명쯤 되는 젊은 남녀들이 구호를 외치면서 반대편에서 달려온다. 티셔츠와 청바지 등 평상복을 입은 젊은이들이 데모하는 줄 알고 사진 찍었다가는 봉변당할 것 같아 사진도 못 찍었는데 결혼 축하의식 중 하나란다. 이곳에서는 차도르를 입고 가는 여학생, 여인들 사진을 찍었다가는 봉변을 당할 수 있다는 이야기를 들은 적이 있어 구호를 외치며 달려가는 젊은이들 사진을 찍지를 못한 것이다.

리나는 가이드와 비행기 표를 사러 가고 우리들은 배 타기 전까지 시간이 남아 휴식 겸 아프리카 호텔에 갔는데 잔지바르에서는 5성급 특급 호텔이다. 호텔은 술탄 시대의 화려한 건축물로 내부 조각, 장식, 가구도 오리엔탈식으로 우아하게 잘 꾸며져 있는데 전기가 들어오지 않아 대낮에 화장실에 촛불을 켜 놓았는데도 깜깜하다. 물론 물도 안 나와 손도 못 씻었다. 대낮이어서 너무 더워 쉬려고 시설이 괜찮은 곳을 찾아간 것인데 안타까운 생각이 들었다.

스톤 타운 선착장에서 우리들은 리나와 헤어지고 배를 탔는데 나는 이상하게 멀미가 나서 억지로 잠을 청했다. 다르 에스 살람 선착장에 도착해서 간단히 점심을 먹고 나니 오후 4시가 다 되었다. 아침에 선셋 비치를 출발할 때부터 뜨거운 햇볕을 받으며 잔지바르에서 배 타고 오느라 지치고 점심도 늦게 먹고 또 캠프에 오자마자 내리쬐이는 햇볕을 받으며 텐트를 설치하느라 더위를 먹었는지 별로 밥 생각이 없는데 저녁도 캠프의 식당에서 먹는단다. 다 같이 모여 식사를 하니 빠질 수도 없고. 바닷가여서 그런지 습해서 끈적끈적한데 바닷가 가까이 텐트를 치니 그렇게 듣기 좋던 파도소리까지 잠을 못 이루게 한다.

AFRICA

2009년 12월 18일(금)

# 방에서 잠을 잠

다르 에스 살람Dar es Salaam 오전7:30 출발 ···› 찰린제Chalinze 12:00 ···› 탕가Tanga 오후3:40 도착

며칠 전 이링가에서 올 때 다르 에스 살람 시내에서 캠프까지 교통정체로 배 타고 우리 트럭버스로 갈아타면서 복잡하게 갔는데 오늘은 시간이 일러서 그런지 교통 정체 없이 트럭버스로 계속 나올 수 있어 비교적 쉽게 다르 에스 살람을 벗어날 수 있었다. 전에 왔던 길로 다시 돌아 나오는데 파인애플을 산더미처럼 쌓아놓고 파는 파인애플 가게들이 늘어서 있다. 찰린제에서 점심을 먹고 북동쪽으로 향해 달린다. 탄자니아에 들어서면서 무슬림들이 많았는데 찰린제를 벗어나 북동쪽으로 갈수록 무슬림들이 거의 보이지 않는다. 적도에 가까운 곳인데도 나미비아나 보츠와나처럼 사막 같은 지형은 보이지 않는다. 땅이 비옥해 보인다. 부지런히 달리더니 인가가 가끔 있는 좁은 언덕길로 계속 간다. 숲 속에 위치한 캠프에 도착하니 습하고 바람이 부는데도 후덥지근한 느낌이다. 가만히 있어도 땀이 배어나는데 캠프 바깥쪽 저 멀리 좁은 길을 따라 따가운 햇볕을 받으며 물통을 머리에 이고 가는 여인들이 보인다. 얼마나 끈적끈적하고 더울까? 여인들이 살이 찔 수가 없을 것 같다.

이 캠프는 사람들이 잘 안 오는지 시설물이 사용하지 않고 방치된 것도 있고 수영장도 거미줄이 잔뜩 있다. 이곳에서는 개별적으로 돈을 지

불하고 방을 사용할 수 있는데 캠핑 온 사람들에게는 할인을 해준단다. 우리는 다르 에스 살람 캠프에서도 잔지바르에서도 제대로 잠을 자지 못했는데 이곳 캠프의 환경도 매우 습한 것 같아 안심이 안 되어 방을 빌렸다. 스티븐이 몸살이 난 것 같다. 그동안 여독에다가 잔지바르에서 고생한 것이 무리가 된 것 같다. 웬만하면 방을 빌리지 않을 텐데 방에서 자야겠단다. 창문에 모기망이 있는데도 바깥 출입문으로 모기들이 재빨리 들어오는 모양이다. 우리만 사용하는 문이 아니니 어찌할 도리가 없다. 탄자니아에 와서는 날이 더운데도 불구하고 이상하게 빨래가 마르지 않는다. 어쩔 수 없이 빨래를 했는데 바람이 불어 빨래가 계속 땅에 떨어지고 바닥이 뻘겋고 습해 빨래에 모두 묻어나는데 빨래집게는 없고 더 이상 빨래에 신경 쓰지 말고 자야겠다.

---

2009년 12월 19일(토)

## 세렝게티, 웅고롱고로 국립공원을 가기 위한 준비

탕가Tanga 오전8:00 출발 ···› 아루샤Arusha 오후1:00–3:00 ···› 메세라니 스네이크 파크Meserani Snake park 오후4:30 도착

세렝게티, 웅고롱고로 크레이터를 가기 위한 전초 기지인 스네이크 파

크로 가는 날이다. 아침에 일찍 깨어 당번은 아니지만 모처럼 아침식사 차리는 것을 좀 도와주려고 차에 가니 아직 문이 안 열려있어 서성거리기만 했다. 다행히 설거지통들이 밖에 나와 있어 설거지할 물을 떠다 놓고 식사 준비를 할 수 있었다.

아침식사 후 남은 것으로 각자 준비한 점심 도시락을 스네이크 파크에 도착하기 전까지 각자 알아서 먹기로 하고 탕가를 출발하였다. 가로수를 잘 조성한 여유 있어 보이는 도시. 모시를 지나 아루샤에 도착하니 눈을 뜨지 못할 정도로 따가운 햇볕이 내리쪼이는 낮 1시이다. 아루샤는 교통 요충지여서 그런지 차도 많고 교통 정체도 심하고 혼잡하다. 이곳에서 2시간 동안 자유시간을 준다. 꽤 세련된 상가가 있어 혹시 국제전화를 할 수 있는 인터넷 카페가 있을 것이라고 기대했는데 없다. 애들과 소식을 주고받으면서 목소리를 들은지 참 오래되었다. 우리는 많은

새로운 경험을 하며 재미있게 잘 다니고 있단다.

상가의 한 카페 앞을 지나는데 바깥에 앉아 있던 손님이 우리에게 이 집 커피 맛이 좋다고 한다. 너무 더워서 겸사겸사 그 카페에 들어가 있는데 시간이 지나면서 낯익은 얼굴들이 카페에 계속 들어온다. 모두들 더워서 온 것 같다.

고급스럽게 진열해 놓은 여러 종류의 탄자니아산 원두커피 중에서 한 봉지를 사고, 준비물로 식수만 사들고 차에 올랐다. 3시에 차가 출발하고 얼마 가지 않아 교차로 부근에서 심한 교통 정체로 인해 한참을 기다리는데 나는 갑자기 카페에서 돈만 지불하고 원두커피를 가져오지 않은 것이 생각나는 것이다. 당황했다. 오샘이 차에서 내리니 스티븐이 같이 갔다 오겠다며 따라 내린다. 그 뜨거운 날씨에 카페까지 헐레벌떡 뛰어갔다 오느라 두 사람은 땀범벅이 되었다. 오샘은 물론 스티븐에게 어찌나 미안한지. 아직 교통 정체가 덜 풀린 상태라 다행이었다. 원두커피 봉투를 손에 든 오샘을 보자 모두들 다행이라면서 안도의 숨을 쉰다. 나의 멍청함 때문에 벌어진 일이라 나는 몸 둘 바를 몰랐다.

뱀이 많았었다는 캠프 메세라니 스네이크 파크에 도착하니 4시 30분이다. 게임 드라이브 현장에 있는 캠프를 제외하면 이 캠프가 이번 여행에서의 마지막 캠프이다. 세렝게티, 응고롱고로 크레이터를 가기 위한 손님들이 많은 것 같다. 샤워장 시설은 좋지 않은 편이다.

텐트를 설치하자마자 내일부터 2박 3일 세렝게티, 응고롱고로 크레이터에서 지낼 짐들을 각자 챙기느라 분주하다. 아예 모든 짐들을 바깥에 쫙 펼쳐놓고 정리하는 사람들도 있다. 우리도 배낭이 들어있는 트럭버스의 캐비닛과 텐트를 오가며 식수, 간단한 비상 군것질, 플래시, 몸에 붙이는 보온파스, 상비약, 쌍안경, 카메라 등등을 챙기느라 진땀이 난다. 침낭은 내일 아침에 잊지 말고 챙겨야지. 하루하루의 경험들이 새롭고 소중하다.

2009년 12월 20일(일)

## 세렝게티 국립공원에서 게임 드라이브

스네이크 파크Snake Park 오전8:00 출발 ···› 레이크 만야라 국립공원Lake Manyara National Park ···› 세렝게티 국립공원Serengetti National Park 오후2:30 도착

TV에서만 보아왔던 동물의 왕국인 세렝게티와 응고롱고로 크레이터로 게임 드라이브 하러 내가 간다는 것이 실감나지 않는다. 오늘이 바로 그날인 것이다. 그러면서도 동물의 세계를 직접 눈으로 확인하러 간다는 뭔가 묘한 흥분이 나를 감싼다.

아침식사가 끝나기 무섭게 각자의 배낭을 갖고 이미 와 있는 사파리 차 2대에 나누어 타고 텐트, 의자 등은 다른 또 한 대의 짐차에 실은 후 설레임을 안고 드디어 세렝게티로 향해 출발하였다. 모두들 들떠있는 표정들이다. 삼미는 일처리 하느라 남아있고 사파리는 토니가 인솔하고 갔다 오기로 하였다. 널찍하게 뚫려있는 포장된 도로 양쪽으로 아침부

터 기다란 막대기를 들고 양떼를 몰고 있는 붉은 전통복장을 입은 키 크고 훌쭉한 마사이, 버려진 땅처럼 보이는 허허벌판이 계속 이어지기도 하고 물통을 머리에 이고 한없이 걸어가는 듯한 가늘고 기다란 마사이 여인들, 어른과 아이들이 밖에 모여서 놀고 있는 마을이 보이기도 하고 풍요롭게 보이는 녹색을 띤 밭들이 보이기도 한다. 얼마쯤 달려가니 길가에 아프리카인 인물화, 풍경화, 줄무늬가 있는 붉은색 마사이 전통복장 등 토산품 판매점들이 늘어서 있다. 여기서 잠시 휴식을 하고 레이크 만야라 국립공원으로 향했다.

공원 입구에 수호신처럼 바오밥 고목이 우뚝 서서 우리를 맞이한다. 입구에서 푸르른 산을 끼고 오르막을 오르다가 전망이 좋은 곳에서 멈춘다. 저 아래 둘레가 약 50km에 달한다는 드넓은 만야라 호수가 파아란 하늘 아래 하얀 얼굴을 드러내고 있다. 고요하다. 고요함은 잠시. 곧 이어 우리는 세렝게티 국립공원으로 향해 출발하였다. 우리를 태운 사파리 차는 부지런히 달려 올라가다 점심식사를 위해 몇 그루의 고목들이 있는 풀밭에 자리를 잡더니 도시락을 나눠준다. 도시락을 먹기 시작하자마자 독수리과에 해당한다는 커다란 새가 오샘 도시락에서 치킨을 냉큼 낚아채서 날아올라 간다. 순식간에 일어난 일이라 황당했다. 점심식사 후 안토니는 나무토막 더미를 헛디뎌 발목을 삐는 사고가 일어났다. 임시방편으로 나는 안토니에게 물파스를 주며 자주 바르도록 하고 존은 압박 붕대를 감아주었지만 앞으로 3일간 계속 게임 드라이브를 해야 하는데 무리가 될 것 같다.

2시 30분쯤 드디어 세렝게티 국립공원에 도착하였다. 입장권 판매소에서 잠시 쉬는 동안 세렝게티에 관한 마그네틱을 보니 종류도 몇 가지 되

지 않고 모양도 마음에 들지 않는다. 물건에 비해 가격도 비싸지만 이곳을 지나치면 구입할 기회가 없을 것 같아 할 수 없이 세렝게티 방문 기념으로 마그네틱 1개를 샀다.

입구를 지나 작렬하는 햇빛을 뚫고 흙먼지를 일으키며 우리들이 탄 2대의 사파리차가 열심히 달려가니 아치 모양의 세렝게티 표지판이 우리를 환영한다. 이곳부터 게임 드라이브가 시작되는 것이다. 도로 양옆으로 끝없이 펼쳐지는 초원에서 한 마리라도 더 찾아보려고 모두들 쌍안경, 카메라를 준비하고 눈, 귀, 머리들을 가만히 두지 못한다. 드디어 백여 마리는 됨직한 얼룩말들이 무엇에 쫓기는지 떼 지어 달려가는 모습이 눈앞에 펼쳐진다. 장관이다. 새하얀 태양빛 아래 얼룩말의 검은 줄무늬가 선명하게 드러난다. 줄무늬가 너무 매혹적이다. 얼룩말의 자태가 우아하다. 그런가 하면 톰슨가젤 무리가 여유롭게 풀을 뜯기도 하고 노닐기도 하는 모습들이 아주 귀엽다.

수백 마리의 버펄로 무리들의 온 천지를 뒤흔들 듯한 역동적인 움직임이 펼쳐지고 한 편에서는 수백 마리는 됨직한 “누”떼, 얼룩말 떼가 뒤섞여 벌판을 완전히 뒤덮고 있다. 용맹하고 엄청난 힘이 천지를 뒤흔드는 듯하다. 그런가 하면 그 위를 새들이 날아가기도 한다. 이렇게 수많은 동물들의 움직임이 이곳에서는 극히 일부인 것으로 보이니 세렝게티가 얼마나 넓고, 동물들의 세상인지 알 수 있을 것 같다. 물론 그 안에는 엄연한 생존경쟁이 존재하겠지만. 파란 하늘, 작렬하는 햇빛, 수천 마리 동물 떼, 그 위를 나는 새들, 멀리 보이는 지평선, 드문드문 보이는 나지막한 녹색의 나무들, 대자연의 조화를 만끽하고 있다. 그렇게 태양이 한창 살아있는 때에 4시간을 대자연을 누비다 언덕으로 오르니 숲이 있는 곳에 캠핑장이 있다. 캠핑장에 도착하니 어느새 주위가 어스름해지기 시작한다. 6시 30분이다.

게임 드라이브하는 동안에는 세렝게티 안에 우리들만 있는 줄 알았는데 캠핑장에 오니 이미 몇 팀이 와 있다. 우리는 도착하자마자 텐트를 설치하고 사파리 차 운전기사 겸 가이드들은 우리를 위해 부지런히 식사 준비를 한다. 식당에서 팀마다 여기저기 모여 각 팀 가이드들이 정성껏 준비한 식사를 한다. 모두들 화기애애하고 흥겨운 분위기이다. 내일 일정에 대한 설명을 들으며 세렝게티에서의 하루가 지나갔다.

낮에 게임 드라이브할 때 한 마리도 보이지 않았던 사자, 하이에나 등 맹수들이 밤사이 캠핑장에 나타나지는 않겠지. 만약을 위해 무엇을 준비해야 하나?

캠핑장이 어느새 고요해졌다. 모두들 잠든 모양이다.

2009년 12월 21일(월)

# 최초 인류 발상지 올두바이 조지

게임 드라이브 오전7:00-12:30 ··· 점심 및 텐트 철수 오후12:30-1:30 ··· 올두바이 조지Olduvai Gorge 오후3:15-4:30 ··· 응고롱고로 국립공원Ngorongoro National Park 오후6:00 도착

조용해야 할 캠핑장이 새벽부터 각 팀들마다 아침식사를 준비하느라 달그락 달그락 그릇 소리, 분주히 오가는 소리가 들린다.

오늘은 이곳에서 게임 드라이브를 한 후 응고롱고로까지 가야 하기 때문에 일찌감치 서둘러야 한다. 오늘은 동물의 왕인 사자를 만날 수 있기를 기대하면서 6시 30분 아침식사 후 7:00 게임 드라이브에 나섰다.

우리는 세렝게티를 휘젓고 다니면서 오늘도 역시 누, 얼룩말, 버펄로, 톰슨가젤, 임팔라, 쿠두, warthog(돼지 종류, 품바라고도 함), 타조, 새들이 온 세상을 차지한 현장만을 확인하는가 했다. 오전 게임 드라이브가 끝나갈 때쯤 멀리 주변에 키 작은 나무들이 몇 그루 있는 나지막한 바위 주변에 사자 가족이 있는 것을 발견하자 우리들은 재빨리 사파리 차 지붕을 열고 쌍안경을 사자로 향한다. 가이드는 조심스럽게 사자 가족이 있는 쪽으로 가까이 차를 몰고 간다.

암사자가 아가 사자들이 노는 것을 지긋이 쳐다보고 있고 뒤쪽 나지막한 바위 위에서 잘 생긴 숫사자가 무엇인가 보고 있는 모습이 위엄 있어 보인다. 사자를 잡은 것도 아닌데 모두들 흐뭇한 표정들이다. 뭔가 성

취한 기분으로 캠핑장에 돌아와 아직 흥분이 가시지 않은 채 점심을 먹은 후 텐트를 걷었다.

오후 1시 30분 출발하여 게임 드라이브에 나섰는데 가이드가 도중에 다른 길로 들어선다. 치타가 있는 곳을 다른 팀 가이드로부터 연락을 받은 것이다. 어디들 있었는지 순식간에 약 20대 정도 되는 사파리 차들이 나무와 풀들이 약간 있는 이곳으로 몰려든다. 서로들 치타를 잘 볼 수 있는 곳에 차를 세운다. 치타의 일거수일투족을 하나라도 놓치지 않으려고 카메라 셔터들을 눌러댄다. 암컷인지 수컷인지는 모르겠지만 치타 한 마리와 새끼 치타 한 마리가 완전히 유명세를 탄 것이다. 그렇게 치타와 시간을 함께 한 후 계속 길을 나섰다. 다소 큰 웅덩이에 하마가 무리 지어있다. 실제는 그리 크지 않은 어떻게 이런 좁은 곳에 이렇게 덩치 큰 많은 하마들이 들어차 있는지 모르겠다. 그런가 하면 하얀 새가 어찌나 많은지 새들로 하얗게 뒤덮인 나무도 있다. 그렇게 게임 드라이브를 한 후 최초 인류 고고학 유적지인 올두바이 조지로 향하는데 구릉 아래쪽에 마을 주변을 빙 둘러가며 나뭇가지로 울타리를 쳐 놓은 마사이 마을이 밝

은 햇살을 받으며 오붓이 엎드려 있는 모습이 평화롭게 보인다. 동물의 습격에서 보호하려고 마을 전체를 울타리로 둘러놓은 것 같다.

마사이 마을을 지나 올두바이 조지에 도착한 시각은 오후 3시 15분. 그런데 태양이 한창 강렬한 그 시각 올두바이 조지는 어둠이 살짝살짝 드리운 듯한 분위기를 연출하고 있다. 멀리 그림자가 살짝 얹힌 협곡 사이에 가늘게 난 길을 차 한 대가 달려오면서 그려내는 풍경이 마치 영화의 한 장면 같다.

최초 인류 발상지인 올두바이 조지는 여러 개의 작은 계곡이 붙어있는 길이 약 48km, 깊이 90m의 가파른 협곡인데 지름 25km 정도인 호수 분지에 퇴적된 올두바이층에서 인류의 조상인 오스트랄로피테쿠스 유해 및 동물화석, 올두바이 공작의 서기들, 그들이 주변 식물들을 채집하거나 먹을 것을 구하며 무리를 이루어 생활하는 모습 등의 생활 유적이 발견되었다. 1959년 Leakey 부부가 이 유적지를 발견한 후 발굴하는 과정과 이를 통해 알게 된 고인류에 대한 여러 가지 자료들을 전시해 놓은 전시관을 둘러본 후 전시관의 가이드로부터 설명을 들을 수 있었다. 그 후 세렝게티 평원의 일부에 해당하는 옹고롱고로로 향했다. 계곡 사이를 달리다 올라가는가 했는데 옹고롱고로 국립공원이 나온다.

타라가 음료수를 사러 기념품점에 가더니 기념품점으로 오라고 나를 부른다. 내가 마그네틱스티커를 수집하는 것을 알고 나를 부른 것이다. 타라야 고마워.

세렝게티보다 마그네틱스티커 종류도 많고 모양도 괜찮고 가격도 더 저렴하다. 덕분에 기념으로 마그네틱스티커를 살 수 있었다.

흙이 불그스름한 비포장도로를 따라 계속 올라가다가 잠시 내려 옹고롱고로 크레이터를 내려다보니 분화구의 넓이 250만㎢, 깊이 600m나 된다더니 과연 엄청나게 깊고 끝없이 펼쳐진 평야 같다. "옹고롱고로"는 스와힐리어로 "큰 분화구"라는 뜻이란다.

분화구 전체가 푸른 초원과 약간의 호수만 있고 움직이는 동물은 전혀 있을 것 같지 않은 평온함이 느껴진다. 저런 차분한 분화구에서 게임 드라이브를 한다는 것이 믿겨지지 않는다. 캠핑장에 도착하니 저녁 6시 이곳도 이미 여러 팀이 와 있다. 높은 곳이고 해가 떨어진 후여서 그런지 꽤 춥다. 뜨거운 햇볕만 받고 다니다 온도차가 매우 큰 곳에 오니 더 추운 느낌이 드는 건지도 모르겠다.

어제오늘 계속 흙먼지도 많이 뒤집어썼는데 마침 샤워장에 온수가 나온다고 해 샤워를 하는데 계속 찬물만 나온다. 재빨리 나왔지만 바깥 날씨도 추우니 매서운 한기가 온몸을 엄습해 절절맸다. 온수가 나온다고 해서 모두들 샤워하려고 기대했다가 나를 보더니 포기한다. 밥을 먹었는데도 추위는 가시지 않고 찬바람이 계속 불어 얼른 텐트 안으로 들어갈 생각만 든다. 추위를 막으려고 텐트 겉에 커버를 씌웠다.

스티븐도 감기 기운이 있는 것 같아 옷에 붙이는 보온파스를 스티븐에게도 주고 우리도 보온파스를 등에 붙이고 누우니 등이 따뜻해진다. 추위가 다소 가신 느낌이다. 추위로 하루를 마감하리라고는 생각도 못했었다. 밤하늘이 매우 맑아 반짝반짝 별 밭을 이루었을 텐데 추워서 텐트 문을 열고 밖을 내다볼 엄두가 안 난다. 오늘 밤 추위만 잘 넘기면 괜찮아지겠지.

2009년 12월 22일(화)

# 웅고롱고로 국립공원에서 게임 드라이브

모닝 게임 드라이브 오전7:00-12:30 ⋯→ 점심식사 오후12:30-1:30 ⋯→ 메세라니 스네이크 파크Snake Park 캠프 오후4:10 도착

새벽에 잠자리가 다소 추운 듯해 잠에서 깨어났다. 뒤척이다 텐트 문을 여니 여명이 걷히면서 바깥이 환해지기 시작한다. 태양 뒤에 숨었는지 찬바람이 잔잔해졌다. 주변 풍경이 스위스 같은 느낌이다.

우리는 산뜻하고 투명한 수채화 같은 아름다운 풍경을 놓치고 싶지 않아 사진 몇 장에 담아 조금이라도 아쉬움을 달래 보았다.

역시 오늘도 일찌감치 아침식사 준비하느라 벌써 식당 주변은 분주하다. 모닝 게임을 하기 위해 7시 옹고롱고로 크레이터로 향해 출발하였다. 위에서 내려다보았을 때는 개미 한 마리도 없어 보였는데 2만 여종의 동물들과 수만 여종의 식물들이 살고 있다더니 과연 엄청난 수의 동물들이 온 세상을 정복하고 있다.

얼룩말, 버펄로, 하이에나, 사자, 코끼리, 코뿔소, 하마, 쿠두, 임팔라, 톰슨가젤, 누, 품바, 타조, 그 외의 이름 모르는 여러 종류의 동물들, 새들이 여기저기 무리를 지어 있기도 하고 홀로 있기도 하다. 동물들의 모

습, 자태, 행동 하나하나라도 놓칠세라 모두들 심지어 발을 삔 안토니까지도 사파리 차 안에 앉아있지 못한다. 뿌연 흙먼지를 일으키며 달리는 사파리 차의 지붕 덮개를 열고 서서 뜨거운 태양 빛을 온몸으로 받아들이며 사진기 셔터를 누르기 바쁘다.

저 멀리 아지랑이가 어른거리는 호수에 분홍빛을 발하는 날씬한 홍학들이 가냘픈 다리로 발돋움하듯이 늘어서 있는 모습은 가히 장관이다. 어떻게 이런 분지에 그 많은 종류의 동물들이 조화를 이루며 살고 있는지 황홀하고 경이로울 뿐이다. 분지의 환경이 동물들이 살아가기 적합한 조건을 갖추고 있어서인지. 볼일을 보고 싶어도 위험해서 사파리 차에서 내릴 수 없을 정도로 여기저기 동물들이 모습을 드러낸다. 함부로 아무 곳에서나 내려도 안 된다. 그래서 이 넓은 분지에 유일하게 있는 1개의 화장실만 사용해야 했다.

몇 그루의 나무가 있고 습지인 화장실 주변에 내려 보니 나도 여기 존재하는 또 다른 동물 종류에 속하지 않을까 하는 생각이 든다. 여기서 바라다보이는 풍경이 그림 같다. 이 고요한 대지를 뒤흔들 듯 육중한 몸집의 동물들 수백 마리가 한꺼번에 달려가는 광경은 엄청난 에너지를 뿜어낸다. 그런가 하면 한가하게 풀밭에 누워있기도 하고. 동물뿐 아니라 하얀 앙증맞은 야생화가 마치 풀밭에 잘게 자른 흰 종이를 뿌려 놓은 듯이 하얗게 피어 있다.

힘든 줄도 더운 줄도 모르고 완전히 자연에 동화되어 5시간 30분을 옹고롱고로 크레이터를 헤집고 다녔다. 거의 드라이브가 끝나갈 때쯤 갑자기 비가 쏟아지기 시작한다. 그 많은 동물들은 비가 오면 비를 피할 곳이 없는데 어떡하나 하는 생각이 든다. 비가 오니 금방 진흙길로 드러난다. 그나마 끝날 때쯤 비가 와서 다행이다.

비가 오니 드라이브하던 차들이 서둘러 이곳을 빠져나간다. 캠핑장으로 가는 주변이 오직 이런 세상만 존재하는 것만 같은 고요가 스며든다. 참 아름다운 세계이다. 그 나름대로 치열한 생존 경쟁이 존재하겠지만 어떻게 이런 세계가 만들어지고 존재할까? 우리는 이곳을 잠시 지나가기 위해 있는 것만 같다.

어느새 캠핑장에 도착하였다. 이것으로 이번 여행의 하이라이트가 잘 마무리된 것이다. 점심식사 후 짐을 모두 챙겨 스네이크 파크 캠프로 향했다. 돌아오는 길에 파랗게 드러난 하늘, 지나다니는 사람들, 집, 나무, 풀, 흙, 벌판, 양떼를 몰고 가는 긴 막대를 든 붉은 색 전통복장을 입은 마사이들, 물동이를 머리에 이고 가는 여인들, 모든 것들이 낯익고 포근해 보인다.

겨우 2박 3일 삼미와 헤어져 있었는데 캠프에 도착해 삼미를 보자 모두들 반가운 마음에 어쩔 줄 모른다. 그런데 옆에 다른 팀이 온 것 같은데 2명만 있어 물어보니 다른 사람들은 세렝게티와 옹고롱고로로 갔는데 자기네 2명은 돈이 없어 2박 3일을 캠프에 남아있는 것이란다. 여기까지 와서 세렝게티와 옹고롱고로를 못 가다니 안쓰러운 마음이 든다.

텐트를 설치하고 샤워를 하고 나니 조금 개운해진 것 같다. 이 캠프의 식당에 식사하러 갔는데 빛바랜 앨범이 있다. 스네이크 파크에 정착해서 터를 다지고 부부가 건물, 부대시설 등을 손수 하나하나 만들어 현재 이르기까지의 캠프의 역사가 담겨있는 앨범이다. 지금 주인 할머니가 그 주인공이시다. 주인 할머니는 실제로 이곳에 뱀이 많이 나왔었다며 앨범에 나오는 장면들을 열심히 설명해주신다.

밤하늘의 별빛 아래 플래시로 길을 밝히며 텐트에 와서 누우니 이 모든 여정도 이제 거의 마무리 단계인 것이다. 각 조마다 맡은 일들을 철저히 할 뿐만 아니라 서로 배려해 주고 단지 아프리카를 여행한다는 목적 하나만 갖고 환경이 완전히 다른 지역에서 성장한 사람들이 혼연일체가 되어 좋은 분위기로 지내온 지금까지의 시간이 주마등처럼 지나간다. 이런 기회가 또 우리에게 주어질 수 있을까?

좋은 사람들과의 만남, 귀중하고 다양한 경험들이 영원히 내 마음 한자리를 차지하고 앞으로의 삶에 활력소가 될 것 같다. 헤어짐에 대한 아쉬운 마음이 든다.

# 마사이 마을 방문

오늘이 사실상 이번 트럭여행의 마지막 날이다.

오전에 마사이 워크만 하고 오후는 자유시간이다. 아침식사도 느긋하게 8시 반에 하고 느지막이 캠핑장 바로 옆에 있는 마사이 박물관으로 갔다. 매일 바삐 움직이다 여유를 부리니 뭔가 빠진 것 같기도 하다.

박물관을 지키면서 안내하는 줄무늬가 있는 붉은 마사이 전통복장을 입고 장총을 들고 서 있는 마사이 워리어의 눈빛을 보는 순간 매우 매섭다는 느낌이 들었다. 인상보다는 차근차근히 설명을 잘해준다.

박물관을 나오면 기념품 가게들이 둘러있어 기념품 가게를 돌아보게끔 되어있다. 이어서 마사이족들이 살고 있는 마을로 가는데 만나는 아이들마다 끈질기게 따라온다. 우리는 오늘따라 생각 없이 맨손으로 나

와 아무것도 가져온 것이 없어 당황하기도 하고 미안하기도 했다.

마사이 마을에서 아이들과 잠깐 시간을 보낸 후 돌아오는 길에 학교 옆을 지나가는데 학교 건물 바깥에서 땅바닥에 앉아 어떤 학생이 혼자 열심히 공부를 하고 있다. 대견한 학생을 보니 절로 미소가 지어진다. 이어서 방문한 보건소는 작지만 깨끗하고 시설이 괜찮은 편이었다. 이렇게 마사이족에 관한 극히 일부를 경험하였다.

날씨가 어찌나 변덕스러운지 아침에 박물관으로 출발할 때 맑고 덥던 날씨가 보건소를 향해 가는 길에는 벌판에서 흙먼지를 일으키며 쌀쌀한 바람이 어찌나 세게 부는지 마사이 가이드는 어깨에 걸친 마사이 전통복장을 머리 위까지 덮어쓴다. 바람을 막는데 기다란 보자기처럼 생긴 붉은 색 마사이족 전통복장이 아주 요긴하게 보였다. 오후 자유시간에 마사이 기념품 가게에서 존과 샤론부부는 쇼핑을 많이 했는데 다른 지

억보다 가격이 비싸다고 한다.

다행히 오후에 다른 날보다 덥지 않아 텐트 안이 덜 후덥지근하여 짐 정리하는데 힘이 덜 들었다. 마지막 다함께 하는 저녁이라고 오늘 저녁도 캠프내의 식당에서 식사하도록 배려한 것 같다.

저녁식사 후 내일 헤어질 우리와는 처음부터 여행을 계속 같이한 롸이언과 타라의 작별 인사가 있었고 오샘이 "you raise me up"을 노래로 선사하면서 그동안 같이 지낸 정을 나누었다. 크리스마스와 연말이 다가오기 때문에 간단한 파티가 있을까 했는데 별다른 행사 없이 여행의 마무리를 한 것 같다.

다른 날과 마찬가지로 텐트에 오자마자 잠을 청하는데 비가 오거나 후덥지근하지 않아서인지 텐트생활에 익숙해져서인지 텐트가 편하다는 생각이 들었다. 오늘로 텐트에서 자는 것도 마지막이다. 그동안 동고동락을 한 우리들의 안식처였다. 한 곳에서 이틀만 계속 치고 있어도 괜찮은데 같은 캠프에서라도 텐트를 항상 걷었다 다시 설치하기 때문에 41일 동안 더운 날씨에 그것도 혼자 짧은 시간 내에 30번을 텐트를 설치하고 걷었으니 오샘이 고생이 많았다.

텐트에 누우니 텐트에서 밖을 내다보면 보이던 별이 쏟아지는 밤도, 숲 소리, 풀벌레 소리에 잠 못 이루기도 하고, 파도소리를 자장가 삼아 잠이 든 밤도, 파도소리에 잠 못 이루는 밤도, 습하고 눅눅한 밤도, 맹수 때문에 신발을 텐트 안에 들여놓아야 했던 밤도 경험한 이런 날들이 내 머리에서 마치 필름처럼 돌아간다. 이런 날들이 또 오샘과 함께 나에게 주어질까 하는 생각이 든다.

2009년 12월 24일(목)

# 트럭여행 마지막 날

메세라니 스네이크 파크Meserani Snake Park 탄자니아 오전7:30 출발 ··· 아루샤 Arusha 오전8:30 ··· 나망가Namanga 케냐 국경도시 오전11:30-오후12:20 ··· 나이로비Nairobi, 케냐 오후6:00 도착

| 기간 | 도시명 | 숙소 | 숙박비 |
| --- | --- | --- | --- |
| 12/24 | 케냐 | | 108USD |

Overland Acacia의 트럭여행 마지막 41일째 날이다. 이번 여행은 이 지역 사람들과의 접촉은 별로 없이 주로 자연을 접하면서 오묘하고 신비한 자연, 나의 위치를 발견하게 하는 자연의 위대함, 생존을 위한 거스를 수 없는 자연의 질서가 존재하는 현장을 확인하고 자연과 하나 되는 새로운 형태의 여행 경험을 한 것 같다. 물론 다국적 젊은이들과 40여 일간 새롭고 다양한 체험을 하고 돈독한 관계로 즐거운 여행을 한 것은 아주 좋은 경험이었던 것 같다.

텐트를 접는 일도 마지막이다. 오늘 우리 조는 설거지 담당이라 차가 출발하기 전까지 바삐 움직여야만 했다. 차에 오르자 DJ인 스티븐이 오샘의 CD를 틀어준다. 차에서 모처럼 우리 노래를 들으니 새삼스럽다. 출발한지 1시간쯤 지나 아루샤에 도착하였다. 이곳에서 킬리만자로를 등반하기 위해 떠나는 타라와 롸이언과 이별해야만 했다. 우리는 타라와 이번 여행 내내 같은 조에 있었고 속 깊고 친절한 타라로부터 많은

도움을 받았고 어느 누구보다도 정이 많이 들었기 때문에 타라와 헤어질 때는 정말 섭섭한 생각이 들었다. 타라는 이번 여행 팀 중에서 가장 나이가 어렸지만 제 몫을 톡톡히 하면서도 팀의 분위기를 항상 활기차게 하는 분위기 메이커였다. 타라! 항상 그렇게 밝은 모습을 지니세요. 타라는 영원히 행복할거예요. 정말 만나면 헤어져야만 하는 가보다.

이제 나이로비까지 7명만 남아서 가게 된 셈이다. 아루샤부터 3시간쯤 지나 국경 도시 나망가에 가니 목걸이, 팔찌, 마사이 전통복장, 조각품 등을 팔기 위해 많은 사람들이 몰려온다.

국경에 있는 환전소에서 환전을 하고 국경을 지나 30분 정도 가니 캠핑장이 있다. 이곳에서 이번 여행의 마지막 점심을 차려 먹고 역시 설거지 담당인 오샘과 나는 끝까지 설거지를 해냈다. 모든 사람들이 협력하여 식탁, 의자, 그릇, 조리도구, 식재료, 남은 음식 등을 능숙하게 원위치에 다 정리한 후 1시 30분 마지막 목적지로 향해 출발하였다.

아루샤부터 국경을 지나 케냐의 나이로비로 가는 길은 도로공사 중이라 비포장도로를 계속 덜커덩거리며 달리는데 나중에는 정신이 없다. 점심식사 이후는 비포장도로를 계속 왔기 때문에 토니는 운전하기 매우 힘들었을 것 같다.

케냐에 들어서니 벽은 돌로, 지붕은 양철로 된 집들이 반듯반듯하니 깨끗해 보인다. 학교도 많이 보이는데 교정도 잘 꾸며 놓았다. 교회들이 눈에 띄게 많이 보인다. 해발 1,900m에 위치한 나이로비 쪽으로 가면서 3시간 이상을 아카시아만 있는 대평원이 이어지는데 오르막으로 올라가다 평지를 가다 오르막으로 오르다 평지를 가며 목가적인 풍경을 드러내는 지형이 계속 이어진다. 시원하면서도 푸근한 아름다움이다.

점심식사 후 한 번도 쉬지 않고 비포장도로, 포장도로를 4시간 정도 달려가니 지친 모습들이다. 나이로비에 들어서기 전에 엄청나게 크고 복잡한 시장이 있는 도시를 지나는데 정체가 매우 심하다. 마지막 여정이 예정보다 많이 지체되면서 쉽지 않게 이어지더니 생각보다 꽤 크고 세련된 케냐의 수도 나이로비에 오후 6시 도착하였다. 아침에 출발한 지 10

시간 30분이나 걸린 길고 긴 여정이었다. 하지만 이번 41일 트럭 여행하는 동안 친절하게 최선을 다해 가이드를 해 준 삼미와 매일 비포장도로를 몇 시간씩 운전하고도 지친 기색 없이 항상 밝은 표정의 토니와의 아쉬운 헤어짐을 할 수밖에 없었다.

우리를 41일간 태우고 다닌 트럭버스에도 정표로 한글로 된 우리나라 소설책을 트럭버스 책꽂이에 꽂아 놓았다. 또 우리와 41일간을 처음부터 끝까지 동행한 단 1명이면서 계속 우리 조에 속했던 스티븐에겐 무어라 감사해야 할지 모르겠다. 매우 겸손하고 예의 바르고 부지런한 영국 청년인 자타가 공인하는 셰프와 DJ역할을 톡톡히 해낸 스티븐은 우리에게 매우 많은 도움과 배려를 해 주었는데 결국 그와도 헤어져야만 했다. 스티븐! 당신은 분명 멋진 인생을 영위할 세련되고 능력 있는 청년입니다. 정말 고마웠어요. 스티븐….

잠비아의 리빙스턴 이후 20일간 동행했던 존과 샤론 부부! 안토니와 안나 신혼부부! 부지런하고 항상 밝은 모습이고 우리를 항상 도와주고 배려해 준 마음 씀씀이에 매우 감사드립니다. 행복하세요. 41일간 우리와 함께 여행했던 24분! 여러분들 때문에 여행 내내 저희 부부도 매우 매우 행복했습니다. 감사드립니다.

---

2009년 12월 25일(금)

## 독학으로 한국어를 익히고 있는 친절한 호텔 종업원

[ 나이로비Nairobi, 케냐 오후2:15 출발 ⋯› 도하Doha, 카타르 오후7:30 도착 ]

| 기간 | 도시명 | 숙소 | 숙박비 |
|---|---|---|---|
| 12/25 | 카타르 | Grand Suite Hotel | 670QR |

어제 저녁부터는 숙소, 식사를 우리가 해결해야 한다. 그런데 스톱오버로 가게 된 도하에 대한 정보는 가이드북에 의한 도하의 숙박비가 매우 비싸고 공항에 안내소도 없고 택시 타기도 어렵다는 것밖에 없다. 또 우리가 도하에 도착하는 시간이 오후 7시 30분으로 어두워진 시간이어서 더군다나 숙소 구하기가 더 어려울 것 같다.

어제 나이로비 숙소에 도착하자마자 도하의 한국 민박집에 전화하니 방이 없다고 했다. 도하에 도착해서 방을 해결하는 수밖에 없다. 그래도 그동안 경험하지 못했던 새로운 세상을 만나게 될 것이라는 기대를 안고 도하로 향해 나이로비를 출발하였다. 비행기 일정 때문에 나이로비는 하루도 머무르지를 못하기 때문에 택시 운전기사에게 부탁하여 간단히 시내 관광을 한 후 공항으로 향했다. 적어도 우리가 지나가고 있는 나이로비 시내는 후진국이라는 생각이 들지 않을 정도로 빌딩도 많고 깨끗하고 규모 있는 도시이다.

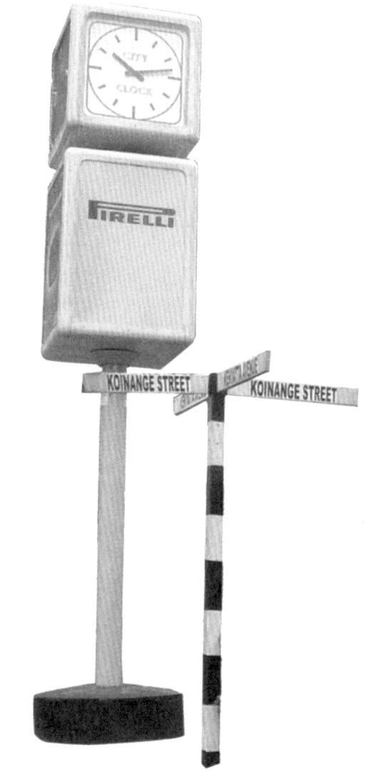


화려한 불빛이 수놓아진 도하에 도착하여 입국심사를 하는데 생각지도 않은 비자비 200R을 받는다. 내일 토요일이라 우선 환전을 한 후 사전 정보에 의하면 공항에 안내소가 없다고 했지만 혹시나 하고 입국장에 나오니 안내소가 있다. 안내소에서 숙소를 구하고 택시를 타려는데 공항 주차원이 공항 미니버스 정류장으로 안내를 한다. 무료버스인 것이다. 대개 공항에서 숙소까지 택시비가 많이 나오는데 버스정류장으로 안내해 주고 숙소까지 버스도 무료라니 기분이 좋다.

버스에 타자마자 버스 운전기사는 메모지에 적힌 호텔명을 보더니 가격을 자기가 더 싸게 흥정을 해 주겠다면서 메모지를 가져간다. 우리는 호텔 이름도 외우지 못했는데 결국 버스 운전기사는 숙소 알선업자인 것이다. 괜히 불안해진다. 버스 운전기사는 공항 안팎으로 왔다 갔다 하고 전화하더니 우리에게 그 호텔의 싱글룸은 얼마이고 더블룸은 얼마인데 더 싼 호텔을 소개하겠다면서 출발하는 것이다.

어떤 호텔 앞에 세우더니 방을 보란다. 시간도 늦고 묵을만하여 승낙을 했더니 하루 숙박비의 9%에 해당하는 수수료를 요구한다. 다행히 종업원들이 친절하다. 상냥한 종업원은 자기는 네팔 사람이라고 소개하면서 한국에 대해 호감을 갖고 있고 한국어도 공부하는 중이라면서 한국어 공부하는 책을 보여준다. 정말 열심히 공부하는 것 같았다. 타국에 와서 생활 전선에 뛰어들면서 미래에 대한 희망을 갖고 생활하는 종업원이 대견해 보였다. 어쨌든 이 종업원으로 하여금 미심쩍었던 호텔에 대해 우리는 마음을 놓을 수 있었다.

걱정했던 숙소를 무리 없이 구하고 나니 밤 9시다. 비행기에서 늦은 점심을 먹어서 저녁은 생략하기로 하고 도하에서의 첫 밤을 보냈다.

2009년 12월 26일(토)

# 도하Doha 시내 관광

도하 시내를 둘러보기 위해 시내로 가는데 토요일이어서인지 거리가 한산하다. 도로는 넓고 포장이 다 되어 있다. 가까운 곳에 도서관이 있고 대로를 따라가니 그 끝에 푸른 바다가 펼쳐진 도하 베이가 보인다.

도하 베이를 따라 조성해 놓은 야자수 거리 Al-Corniche는 주변 건물과 함께 열대의 이국적인 풍경을 드러내고 있다. 깨끗한 파란 바다를 끼고 부드러운 모래사막색의 이슬람문화 박물관이 우아한 자태로 위쪽에 자리하고 있고 정문에서 박물관까지도 야자수와 폭포수로 조경이 잘

되어있다. 박물관은 10시부터 개관한다고 한다. 개관시간을 기다리는 동안 바다 건너편에 있는 빌딩 숲인 신시가지를 배로 갔다 오려고 찾아갔는데 건너는 배편이 없단다. 선착장도 있고 많은 배들이 머물러 있는 것 같은데 무슨 배인지 모르겠다.

박물관 내부구조, 시설, 전시실 등이 아주 잘 되어있다. 이슬람문화에 대한 것을 총망라해서 일목요연하게 전시되어있어 나는 생각지도 않은 큰 선물을 받은 기분이 들었다. 점심시간이 지났는데 식당을 열지 않아 자동판매기에서 나오는 과자로 점심을 대신하고 나와 souq weqif로

항했나. souq weqit는 나선형으로 특이하게 지어진 건물인데 원래 이 위치는 베두인들이 양을 가져와 거래하던 장소란다. 토요일이어서 souq weqif는 문이 닫혀있어 들어가지는 못했다.

souq weqif 건너편에 규모가 큰 전통시장이 있는데 카페, 기념품점, 식당들이 있는 마치 인사동 같은 분위기이다. 우리는 이 시장 기념품점에서 마그네틱 스티커를 겨우 살 수 있었다. 가족단위로 나온 사람들도 있는데 역시 이곳도 토요일이어서 문 닫은 가게들이 대부분이다.

시장에서 나와 시외버스정류장을 확인한 후 신시가지 가는 길을 물어보니 택시로 가는 것이 더 낫다고 한다. 택시로 빌딩 숲인 신시가지를 갔는데 현재 이곳은 빌딩 숲인데도 불구하고 아직 여기저기 공사 중이다. 이곳뿐만 아니고 도하는 도시 전체가 공사 중인 것 같다.

쇼핑센터에 들어가니 규모도 크고 층층이 꽉 들어찬 귀금속, 가구, 앤티크, 세계화된 상표의 상품들이 진열된 상점들이 세련되고 화려하다. 손님들도 대개 현지인인 무슬림들로 보이는데 부부들도 많고 여유 있게 쇼핑을 즐기는 것 같다.

우리는 점심이 부실했기 때문에 조금 시간이 이르지만 저녁을 이곳 식당가에서 해결하려고 식당가로 올라가니 역시 손님들이 많다. 이곳 식

당가도 피자, 치킨 등으로 세계화가 된 것 같다. 사실 이런 걸 보려고 도하에 온 것은 아니지만 경제적인 풍요로움을 볼 수 있는 현장임에는 틀림이 없는 것 같았다. 숙소에 오니 역시 상냥한 네팔 출신 종업원은 우리를 반갑게 맞이한다.

2009년 12월 27일(일)

# 시외버스 운전기사는 Good Guide

도하Doha 오전8:50 출발 ⋯→ 알 코르Al Khor 오전10:00~10:40 ⋯→ 도하Doha 오전11:40~오후6:00 ⋯→ 도하Doha공항 오후6:20 도착

어제 택시 운전기사로부터 good city라고 소개받은 알 코르(Al khor)를 가기 위해 시외버스터미널에 가니 많은 사람들로 북적인다. 시외버스터미널 입구에서 도하의 도심을 빠져나가는데 교통 정체로 시간이 오래 걸렸다. 도심을 벗어나면서 보이는 대개 단층이고 큼직큼직하며 사막모래색을 단정하게 칠한 주택이 햇빛에 반사되니 우아하게 보인다.

높아야 3층으로 된 공동주택들이 몇 채 있다. 도로는 매우 넓은데 차도만 포장되어 있고 공사 중인 곳이 많다. 도하의 도심도 그랬는데 왜 그리 공사하는 곳이 많은지 모르겠고, 허허벌판에서 공사 중인 곳이 많은데다 흙바람이 계속 날린다. 가냘프게 보이는 작은 가로수가 가끔 심어져 있지만 거의 사막 벌판이다.

차량이 많지 않아 시원하게 달린 버스가 도하를 출발한지 약 50분쯤 지나니 도시 알 코르가 나타난다. 버스에서 보니 옷가게, 전파사, 카메라 가게, 켄터키치킨가게, 슈퍼마켓 등 여러 종류의 상점들이 있는 거리 풍경이 조용하고 특별히 볼 만한 것도, 준비해 간 점심을 먹을 만한 곳도 보이지 않는다. 우리는 알 코르를 돌아보면서 점심도 먹고 오후 3~4시쯤 도하로 올 계획이었는데 여의치가 않다.

버스를 꽉 채웠던 손님들이 오는 동안 또 알 코르에 들어서서 계속 오르내리는가 했는데 어느새 우리 둘만 남았다. 버스에서 내려봤자 길에서 먼지만 뒤집어쓰고 있어야 할 것 같고 도하로 가는 다른 버스 시간도 맞추기 어려울 것 같아 버스 운전기사에게 우리는 여행 중이고 처음 온 도시라며 이야기했더니 반갑다며 이 버스가 이 부근을 돌은 다음 도하로 가니까 그냥 이 버스에 있으란다. 우리는 고맙다고 하면서 얼른 버스값을 냈다. 그 후 버스 운전기사는 지나가는 곳마다 우리에게 열심히 설명을 해준다. 버스가 지역공동체가 있는 곳을 중심으로 빙글빙글 돌다 보니 같은 공단 앞을 몇 번이나 가게 되었는데 그 앞에 갈 때마다 똑같은 설명을 해준다. 오샘이 5번째라고 하니 버스 운전기사와 버스에 탄 손님이 웃는다. 그동안 손님들이 탔는데 이제는 버스 운전기사는 물론 손님들까지 우리에게 관심을 보인다. 버스 운전기사는 도하의 버스터미널에

도착할 때까지 계속 친절하게 성의를 보인다. 우리는 버스 운전기사에게 'Good Guide'라고 하면서 고마움을 표시했다.

알 코르에서의 계획이 차질이 생겨 Al-Corniche로 가서 벤치에 앉아 고양이와 함께 푸른 바다를 바라다보면서 준비해 온 점심을 먹고 어제 갔던 이슬람문화 박물관에 갔다. 이슬람 문양이 있는 커다란 유리문을 통해 파란 하늘과 하나 된 파란 바다를 바라다보며 또 다른 여유를 가져본다.

이슬람문화 박물관에서 나와 발길 닿는 대로 숙소 있는 쪽으로 가면서 도하거리를 거닐었다. 이면도로들도 대개 널찍한데 나무들이 별로 없고 건물이나 도로들이 깨끗하게 마무리되지 않은 곳이 많다. 건조한 환

경 때문에 거리들이 뿌옇고 말끔하지 않은 것 같다.

숙소에 오니 오후 4시이고 비행기는 오늘 자정에 출발하기 때문에 저녁시간이 너무 여유롭다. 숙소 로비에서 시간을 보내다 6시쯤 나오는데 네팔 출신 종업원은 친절하게도 도로 바깥까지 나가서 운전기사에게 택시비까지 확인해가며 공항 가는 택시를 잡아주면서 배웅한다. 네팔 청년. 꼭 꿈은 이루어질 거예요. 고맙습니다.

이번 여행에서도 생각지도 않은 많은 도움을 많은 분들로부터 받아 오샘과 나는 여행을 무사히 마칠 수 있었고 귀하고 소중한 경험을 한 여행이었다. 또 막연하게 생각했던 아프리카. 극히 일부만 접해 보았지만 기후에 의한 자연의 피해를 막을 수 있는 대책을 마련하고 내전만 없다면 열심히 일상생활을 하고 있는 그들을 보니 아프리카에서 희망을 볼 수 있었다.

2009년 12월 28일(월)

## 귀국

[ 도하Doha, 카타르 0:00시 출발 ···› 2009년 12월 28일 월요일 인천 도착 ]

이상하게 나는 도하 공항에 도착하면서부터 기운이 없다. 비행기에 탑승하자마자 다행히 빈 좌석이 많아 염치불구하고 계속 자리에 누워서 왔다. 몸살인지 감기인지 누가 찾아온 건지 모르겠다. 덕분에 어제 하지 않고 미뤄 둔 정리를 비행기에서도 못하고 집에 왔다. 그러지 않아도 아프리카 장거리 여행하는 동안 내 몫까지 너무 수고를 많이 했는데 나는 오샘에게 마지막까지 짐을 더 보태준 것이다. 오샘님. 죄송합니다.

덕분에 누구에게나 접하기 어려운 귀중하고 다양한 경험을 한 여행을 할 수 있었음에 매우 감사드립니다.

못 말리는
서아프리카 여행

# 서아프리카 여행일정

| 월/일 | 요일 | 도시 | 일 정 | 비고 |
|---|---|---|---|---|
| 3/9 | 토 | 인천 | 19:05 KE653 출발<br>방콕 22:55도착 | |
| 3/10 | 일 | 방콕(태국) → 아디스아바바(에티오피아) → 다카르(세네갈) | 01:10 ET609 출발<br>아디스아바바경유<br>16:25 다카르 도착 | |
| 11 | 월 | 다카르(세네갈) | 기니비사우 비자신청 및 발급.<br>장미호수 관광 | |
| 12 | 화 | 다카르(세네갈) | 기니 비자신청 및 발급,<br>다카르 관광 | |
| 13 | 수 | 다카르(세네갈) | 고레섬 관광 | 배 |
| 14 | 목 | 다카르(세네갈) → 반줄(감비아) | 카랑(세네갈 국경)경유 반줄 도착 | 부시택시 |
| 15 | 금 | 반줄(감비아) → 콜로리(감비아) | 반줄 관광, 콜로리 도착 | 택시 |
| 16 | 토 | 콜로리(감비아) → 비사우(기니비사우) | 콜로리 → 감비아국경 →<br>세네갈 국경 → 기니비사우 국경<br>→ 비사우 도착 | 부시택시 |
| 17 | 일 | 비사우(기니비사우) | 비사우 관광 | 코나크리(기니)까지의<br>경로 확인 |
| 18 | 월 | 비사우(기니비사우) → 코나크리(기니) | 비사우 출발, 코나크리로 향함 | 부시택시 |
| 19 | 화 | 코나크리(기니) | 오전 6시 코나크리 도착, 휴식 | |
| 20 | 수 | 코나크리(기니) | 시에라리온과<br>코트디부아르 비자신청,<br>코나크리관광 | 프리타운(시에라리온)까지의<br>동행자 만남. |
| 21 | 목 | 코나크리(기니) | 코트디부아르 비자받음, 휴식 | |
| 22 | 금 | 코나크리(기니) → 프리타운(시에라리온) | 오후 프리타운도착 | 대절 부시택시 |
| 23 | 토 | 프리타운(시에라리온) | 프리타운관광 | 몬로비아(라이베리아)까지의<br>경로확인 |
| 24 | 일 | 프리타운(시에라리온) →<br>겐데마(시에라리온) | 케네마 경유 국경 → 겐데마 도착 | SLRTC버스,<br>오토바이 |
| 25 | 월 | 겐데마(시에라리온) →<br>몬로비아(라이베리아) | 보에서 출발.<br>몬로비아 도착, 휴식 | 오토바이, 시외버스 |
| 26 | 화 | 몬로비아(라이베리아) | 가나 비자신청, 몬로비아 관광 | |

| 월/일 | 요일 | 도시 | 일 정 | 비고 |
|---|---|---|---|---|
| 27 | 수 | 몬로비아(라이베리아) | 몬로비아 관광, 가나 비자받음 | 아비장(코트디부아르)까지의 경로 확인 |
| 28 | 목 | 몬로비아(라이베리아) → 사니켈리(라이베리아) | 사니켈리 도착 | 부시택시 |
| 29 | 금 | 사니켈리(라이베리아) → 다나네(코트디부아르) | 다나네도착 | 대절 부시택시, 오토바이 |
| 30 | 토 | 다나네(코트디부아르) → 아비장(코트디부아르) | 야무수크로경유 → 아비장도착 | 시외버스, 택시 |
| 31 | 일 | 아비장(코트디부아르) | 아비장 관광 | 아크라행(가나) 버스표 구입 |
| 1 | 월 | 아비장(코트디부아르) → 아크라(가나) | 아크라 도착 | STC버스 |
| 2 | 화 | 아크라(가나) | 아크라 관광 | 로메행(토고) 버스 확인 |
| 3 | 수 | 아크라(가나) → 로메(토고) | 로메 도착 | STC버스, 대절 부시택시, 부시택시 |
| 4 | 목 | 로메(토고) | 베냉 비자신청, 로메 관광 | |
| 5 | 금 | 로메(토고) → 코토누(베냉) | 베냉 비자받음, 코토누 도착 | 부시택시 |
| 6 | 토 | 코토누(베냉) → 아보메이(베냉) | 아보메이 도착 및 관광 | 부시택시 |
| 7 | 일 | 아보메이(베냉) → 로메(토고) | 로메 도착, 휴식 | 대절 부시택시, 부시택시 |
| 8 | 월 | 로메(토고) | 로메 관광 | |
| 9 | 화 | 로메(토고) → 아디스아바바(에티오피아) | 아디스아바바도착 | ET906비행기 |
| 10 | 수 | 아디스아바바(에티오피아) | 아디스아바바 관광 | |
| 11 | 목 | 아디스아바바(에티오피아) | 아디스아바바 관광 | |
| 12 | 금 | 아디스아바바(에티오피아) → 베이징(중국) | 오전 01:30 출발 16:50–21:55 베이징 | 귀국길(ET604) |
| 13 | 토 | 베이징(중국) → 인천 | 오전 00:40 인천도착 | 귀국(KE854) |

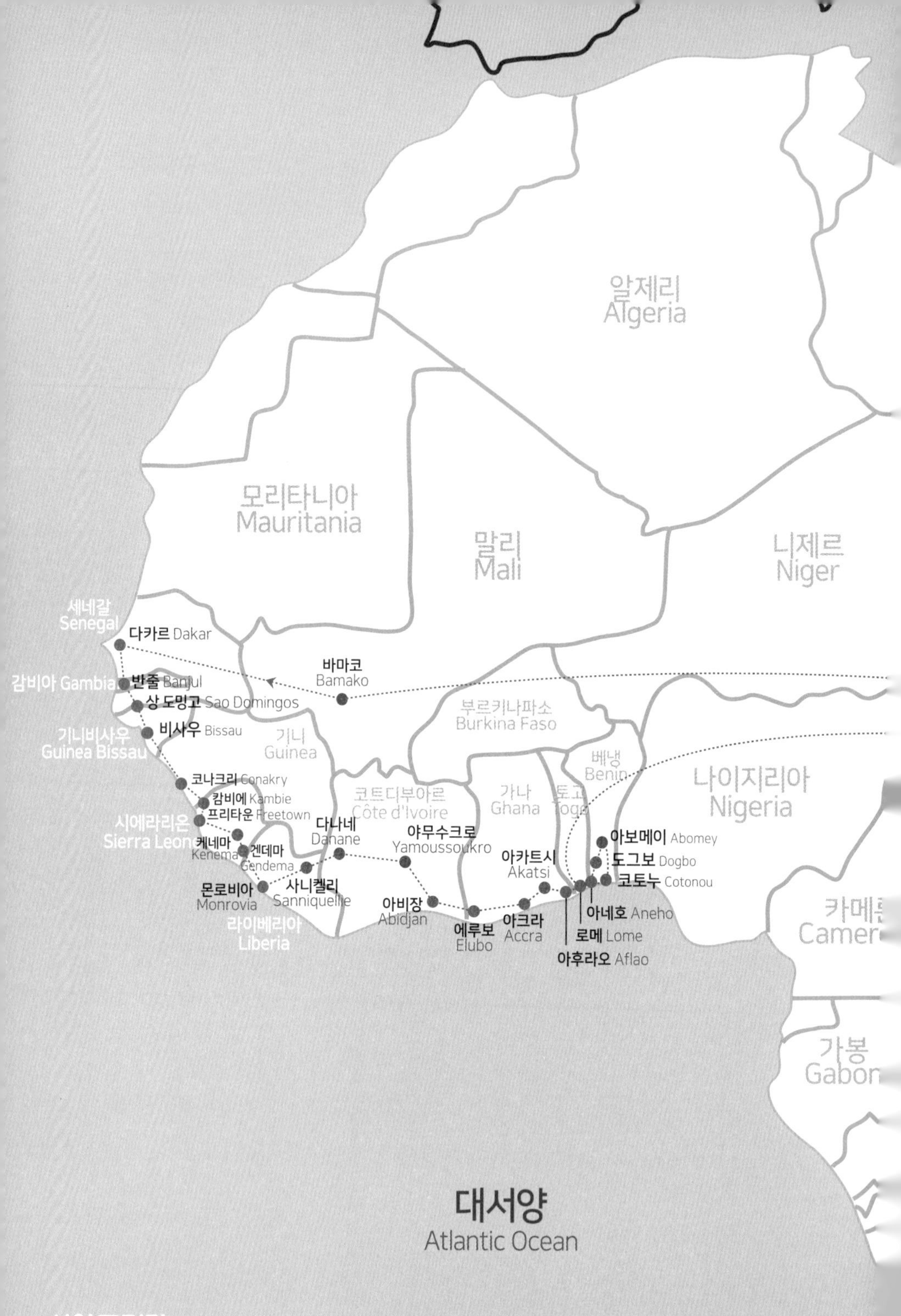

알제리
Algeria
모리타니아
Mauritania
말리
Mali
니제르
Niger
세네갈
Senegal
다카르 Dakar
바마코
Bamako
감비아 Gambia
반줄 Banjul
상 도밍고 Sao Domingos
비사우 Bissau
기니비사우
Guinea Bissau
기니
Guinea
부르키나파소
Burkina Faso
베냉
Benin
나이지리아
Nigeria
코나크리 Conakry
캄비에 Kambie
프리타운 Freetown
시에라리온
코트디부아르
Côte d'Ivoire
가나
Ghana
토고
Togo
다나네
Danane
야무수크로
Yamoussoukro
케네마
Kenema
겐데마
Gendema
아카트시
Akatsi
아보메이 Abomey
도그보 Dogbo
코토누 Cotonou
몬로비아
Monrovia
사니켈리
Sanniquellie
아비장
Abidjan
에루보
Elubo
아크라
Accra
아네호 Aneho
로메 Lome
아후라오 Aflao
라이베리아
Liberia
가봉
대서양
Atlantic Ocean


## 서아프리카 지도 및 경로

비아
ibya
이집트
Egypt
수단
Sudan
차드
Chad
중국 베이징으로 이동
에티오피아
Ethiopia
소말리아
Somalia
남수단
Republic of
South Sudan
아디스아바바
AddisAbaba
중앙아프리카공화국
tral African Republic
우간다
Uganda
케냐
Kenya
콩고민주공화국
Democratic Republic
of the Congo
탄자니아
Tanzania
골라
gola

2013년 3월 9일(토) ~ 3월 10일(일)

# 서아프리카를 향해 출발

인천공항 오후7:20 출발 ···› 5시간 50분 소요 방콕 수완나품 태국 ···› 9시간 20분 소요 아디스아바바 에티오피아 ···› 8시간 35분 소요 바마코 말리 ···› 다카르 세네갈 3월 10일 일요일 오후4:45 한국시각 3월 11일 월요일 오전01:45 도착

| 기간 | 도시명 | 숙소 | 숙박비 |
|---|---|---|---|
| 3/10 - 13 | 세네갈-다카르 | Mougunghoa Min Bak | 200,000CFA |

오늘 드디어 오샘이 오랫동안 소망했던 서아프리카 여행 출발일이다. 서아프리카 지역이 정세가 불안정하고 열대 다습한 기후, 열대병, 열악한 환경이라는 정도 외에는 더 이상의 정보를 구하지 못하고 한 권의 가이드북에만 의지한 채 출발하는 것이다. 현지에서 최대한 정보를 구하면서 다녀야겠다. 오샘이 그렇게 바라던 여행지인데 막연한 불안감을 지니고 있어서인지 나름 준비를 했는데도 제대로 한 건지 뭔가 미진한 듯한 기분이지만 한편으로는 낯선 곳에 대한 호기심과 새로운 경험에 대한 기대를 안고 5주간의 여행에 나섰다. 어제 청소하는데 갑자기 누군가 현관문을 열고 들여다보더니 사람이 있으니까 도망가는 것 같아 그때 나가보니 현관문 번호 키 뚜껑이 완전히 열려있는 돌발 상황이 벌어진 일이 있어서 또 마음이 편치 않은 것 같다.

공항에서 화영이와 일서의 배웅을 받으며 출발하는데 일서가 여행 일

정을 줄이고 빨리 돌아오란다. 이제 막 초등학교에 입학해 새로운 생활에 적응해야 하는 일서를 두고 가려니 일서한테 미안하다. 일서야 새로운 친구들과 사이좋게 지내거라. 일서는 잘해내지! 빨리 커서 할아버지, 할머니와 같이 두루두루 여행 다니자꾸나.

방콕, 아디스아바바, 바마코를 거쳐 목적지 다카르까지 장장 30시간의 비행 여정이 시작되었다. 비행기에서 내려다보이는 아디스아바바는 반짝거리는 양철지붕이 단정하게 누워있다. 아디스아바바공항 이륙 후 황톳빛 산악계곡들이 계속 드러나더니 바마코공항에 멈추는데 마치 작은 도시의 공항같이 한적한 분위기이다. 바마코공항에서 우리 비행기는 잠시 머무른 후 드디어 마지막 목적지인 다카르로 향한다. 어느새 하늘은 눈이 시리도록 청명한 푸른빛을 띠고 있다. 매우 기분 좋은 날씨인 것 같은 느낌이다. 꽤 큰 도시와 어우러진 파란 바다가 내려다보이니 바로 다카르공항인 것이다. 아닌 게 아니라 오후 4시 45분에 도착했는데 약간의 상큼한 바람이 뺨을 스치고 지나간다. 날씨가 의외이면서도 다행인 생각이 든다. 공항에서는 생각보다 호객행위가 많지 않았다. 민박집 사장님 부부와 그곳에 숙박하고 계신 해외 주재 회사원이 우리를 마중 나와 주셔서 우리는 쉽게 숙소에 와서 쉴 수 있었다. 이렇게 우리의 서아프리카 여행의 첫 출발은 세네갈 다카르 민박집에서 시작되었다. 그런데 서아프리카 여행에 관한 정보를 생각보다 이곳에서 얻을 수 없어 좀 아쉬웠다. 이번 여행 준비 과정에서 서아프리카 여행에 대한 자료를 구하기가 어려워 일부러 첫 숙소를 한인 민박집으로 정한 것인데. 다카르는 공항을 제외하고 개인 환전상이 안심도 되고 은행보다 환율도 좋고 시간에 구애받지 않는다며 저녁식사 후 캄캄한 늦은 시간인데도 불구하고 민박집 사장님께서는 자동차로 개인 환전상이 있는 곳까지 데리고 가 주셨다. 사장님 고맙습니다!

2013년 3월 11일(월)

## 장미호수 관광

숙소 앞에 있던 택시의 운전기사는 감비아 대사관까지 1,000CFA에 갈 수 있는 거리인데 10,000CFA를 부른다. 엄청나게 많이 부르는 것이

다. 우리가 다른 택시를 타려고 하니 그제야 1,000CFA에 간단다. 감비아 대사관이라고 찾아가니 다른 곳으로 이사 갔단다. 이 택시 운전기사가 기니비사우 대사관을 안다고 해서 우선 기니비사우 비자를 받기로 했다. 기니비사우 대사관 직원들이 매우 친절해 최빈국이라는 기니비사우에 대한 인상이 좋았다. 그런데 비자비가 생각보다 비싼 1인당 45,000CFA(100USD)이다. 오전 10시쯤 신청했는데 오후 2시에 비자를 찾으란다. 비자비가 비싸긴 한데 빨리 발급되어 다행이다.

장미호수는 다카르에서 먼 거리에 있어 오늘 갈 생각을 못했는데 숙소에 오니 사모님께서는 우리 숙소에 계신 해외주재원과 함께 갔다 올 수 있도록 장미호수로 가는 택시 편을 벌써 주선해 놓으셨다. 덕분에 우리는 경비도 절약되고 다카르에 대한 여러 가지 이야기를 들으면서 심심치 않게 다녀올 수 있었다. 장미호수 쪽으로 가는 도로는 비교적 잘 포장되어 있고 새로 도로포장 공사 중인 곳이 많았다. 대학을 나온 프랑스어, 영어, 부족어 등 3개 국어에 능통한 젊고 유능하고 잘 생긴 우리 택시 운전기사 노칸은 친절하고 최선을 다한다. '노칸'의 집안이 가문이 있고 부유해서 그나마 택시를 사 주어서 택시운전을 한다는데 그가 지닌 능력이 발휘될 수 있는 직장을 구할 수 없다는 현실이 안타까웠다.

삭막한 도로를 1시간 이상을 달리니 불그스름한 빛을 띤 호수가 보인다. 눈을 의심해 보았다. 분명 호수 물빛이 파란색으로 보이지 않는다. 호수로 흘러들어가는 샘 같은 작은 웅덩이와 물줄기의 물은 매우 맑고 깨끗하다. 맑은 조그마한 물웅덩이에는 조그마한 물고기들이 활개를 치고 있다. 생각도 못했던 풍경에 우리는 잠시 발길을 멈추었다. 이 조그마한 물고기들이 헤엄치고 있는 이 웅덩이의 맑은 물이 흘러들어가 켜켜이 쌓인 소금과 광물질로 인해 분홍빛 호수를 만든 것이다. 또 호수 주변 바닥은 완전히 조개껍질들로 덮여있다. 이 모든 것이 수만 년의 세월 동안 지구가 겪었을 풍파를 대변하고 있는 것이다. 어떤 남자가 호수에 들어가니 몸이 호수 위에 둥둥 뜬다. 나는 호숫물에 손을 살짝 담갔다가 혀끝에 대니 짠맛에 정신이 번쩍 든다. 색다른 풍경을 뒤로하고 우리는 기니비사우 비자 때문에 서둘러 돌아와야 했다.

2013년 3월 12일(화)

# 다카르 시내 관광

오늘도 노칸과 일정을 같이 하기로 했다. 공항 쪽으로 이사 간 감비아 대사관을 어렵사리 찾아갔는데 대한민국은 감비아에 있는 사람으로부터 받은 초청장이 있어야만 입국할 수 있단다. 여행자가 초청장이 있어야만 입국할 수 있다니 너무 어이가 없다.

국경 비자가 가능한 줄 알았다. 우리가 수집한 정보에 의하면 감비아는 관광수입이 그 나라 수입원의 많은 부분을 차지하고 있는 것으로 알고 있는데 이런 제한을 둔다는 것은 좀 부당하다는 느낌이 든다. 생소한 국가에 무슨 초청자가 있을 리 없고 우리가 묵을 예정인 호텔에 연락해서 초청장을 받는다고 하더라도 이제부터 수속을 밟아 비자를 받으려면 최소한 2주일은 걸린다니 포기해야 할 것 같다. 오늘 이 대사관까지 어렵게 찾아온 것조차도 억울한 생각이 든다.

대신 우리는 기니 대사관으로 가서 비자를 신청하는데 직원이 매우 친절하다. 그런데 서류에 필요한 사진을 꼭 그곳에서 찍어야 한다며 사진값을 따로 받는다. 그것도 거스름돈은 줄 생각을 안 한다. 어쨌든 오늘 오후 2시에 비자를 받을 수 있어 감비아 비자 때문에 우울했던 기분이 풀렸다. 우울한 마음으로 기니 대사

관에 갈 때 다카르에서는 제일 높은 언덕에 있던 동상도 그냥 지나쳤는데 오후에는 기니 비자를 받은 후 시내 관광을 하기로 했다. 오후 2시 노칸이 어김없이 와 주었다. 신청한 기니 비자를 받으러 기니 대사관에 가는데 더워서 엷은 황토색 교복을 풀어헤친 채 가방끈도 제대로 메지 않고 재잘대며 하교하는 초등학생들이 천진난만하다. 교복 색깔이 좀 더 산뜻하고 밝은색이었으면 좋을 것 같다.

도로변에 옷, 신발 등의 노점상들은 많이 있는데 먹을 것을 파는 노점상은 드물다. 역시 기니 비자를 보니 반가운 마음이 든다. 우선 르네상스 기념 동상이 있는 다카르 시에서 제일 높은 언덕으로 갔는데 가까이에서 보니 "부부와 아이" 동상의 규모가 엄청나게 크다. 북한 조각가가 만든 동상이다.

언덕에서 내려다보이는 대서양 해안가 도시인 다카르의 전경이 아름답다. 서쪽에 반도처럼 쭉 삐져나온 부분이 아프리카 대륙의 서쪽 끝이란다. 끝없이 펼쳐진 대서양은 푸른빛을 띠고 잔잔한 평온을 유지하고 있다. 해안도로를 따라 아름다운 건물들이 늘어서 있고 우리가 일반적으로 알고 있는 아프리카의 어두운 모습이 아니다. 다시 해안도로를 따라 언덕을 내려가는데 한창 내리쬐고 있는 눈부시게 밝은 태양 아래 넥타이를 단정하게 맨 초등학교 남자아이가 다정하게 아빠와 함께 하교하는 모습이 눈에 띈다. 이곳에도 하교하는 학생들을 기다리는 학부모들이 학교 정문 앞에서 고급 승용차에 타고 기다리는 모습이 선진국의 사

립학교 모습과 다를 바 없다. 해안도로를 따라 내려오는 시내 쪽은 꽤 많은 고층건물들이 있다. 대통령궁 앞에서 노칸이 사진을 찍어도 된다고 해서 사진을 찍으려 하는데 경비원들이 무어라고 소리를 지른다. 무안하고 겁이 나서 얼른 차에 올라타고 떠나는데 우리들에게 계속 떠들

어댄다. 이어서 해변에 지어진 대성당을 보니 이슬람 국가이지만 종교의 자유가 허용되는 것 같다.

대성당은 웅장하지는 않지만 소박하고 정겨운 건물인 것 같다. 다시 시내로 들어와서 케르멜 시장에 가니 안쪽에 있는 원형건물이 작으면서도 특이한 모양이다. 이 시장 건물 안으로 들어가 보니 야채, 과일, 생선 가게들이 가득 들어서 있었다. 시장 바로 옆 기념품 가게에서 엉성한 모양의 마그네틱 스티커를 5,000CFA에 샀다. 특색 있는 고풍스러운 건물로 된 기차역을 지나고 국립극장을 거쳐 노칸이 소개한 사설 환전소에 갔는데 그곳에 있는 사람들이 커다란 체격의 험악해 보이는 인상이어서 무서운 생각이 들었다. 오늘 우리를 위해 하루 종일 가이드해 준 친절한 노칸에게 감사한 마음이 들었다. 앞으로 적성에 맞는 직업을 찾아 마음껏 능력을 발휘하였으면 좋겠다.

---

2013년 3월 13일(목)

## 고레 섬 관광

오전 9시 고레 섬으로 가는 여객 터미널에 도착하니 바로 출발하는 배가 있단다. 바로 배에 오르니 수학여행을 가는 60여 명쯤 되어 보이는 남녀 학생들과 동행하게 되었다. 어딜 가나 학생들이 모여 있으면 밝고 명랑한 분위기인데 여기서 만난 학생들 역시 마냥 즐거운 표정이다. 왁자지껄 떠들기도 하고 동양에서 온 우리를 반가이 맞아주고 우리와 함께 사진도 찍는다.

대서양에 떠 있는 고레 섬은 여객 터미널에서 20분 정도 가니 성채의 모습이 보이고 노예무역이 이루어졌던 우울한 역사 현장이지만 노예무역에 관한 몇 가지 조형물과 건물들을 잘 보전하고 레스토랑, 부대시설 등 관광시설이 잘 되어있어 밝고 개방적이었다. 어려운 섬 환경이지만 그곳 아담한 학교에서 선생님과 열심히 공부하고 있는 학생들을 보니 흐뭇한 마음이 들었다. 이 학교는 일본의 후원으로 운영되고 있는 학교로 깨끗하다는 인상을 받았다. 길을 따라 우체국, 경찰서, 성당, 모스크, 박물관, 노예무역 기념조각품, 엄청난 포신을 지닌 대포 등을 보며 섬을 거닐다 보니 대서양 건너 다카르 시가 선명하게 보인다. 이곳 섬과 불과 20분 거리에 있는 내륙 다카르와 대비되는 인간의 삶을 생각하니 마음

Mémoires
LIBRE

이 찡하면서 허무함이 몰려온다.

이 섬과 다카르사이의 대서양 바닷물의 물살이 거세다. 바닷물이 성벽에 부딪치며 처얼썩 처얼썩 바닷물이 외치는 소리가 특이하다. 해 떨어진 이후에는 마치 공포의 소리로 들릴 수도 있겠구나 하는 생각이 든다. 그런가 하면 대저택들 사이에 화사하고 울긋불긋한 꽃들이 만발한 아름다운 골목길이 나온다. 섬을 거의 한 바퀴 돌고 나니 한적했던 이 섬으로 관광객들이 계속 들어오고 있다. 배가 막 들어온 모양이다. 선착장으로 부지런히 걸음을 옮기니 들어왔던 배가 막 출발하려고 한다. 다행히 우리는 바로 배를 타고 돌아올 수 있었다. 오늘은 가고 올 때 기다림 없이 배 시간이 맞아서 오후에 여유 있는 시간을 보낼 수 있게 되었다.

세네갈에서의 마지막 날이다. 구걸하는 사람들, 젊은이들이 여기저기 하릴없이 한가로이 앉아있는가 하면 열심히 신문을 팔러 다니는 젊은이, 더운데도 정장을 한 말쑥한 차림으로 바삐 움직이는 사람들 등 다양한 삶이 존재하고 있고 이곳도 역시 빈부의 차가 심한 것 같다.

2013년 3월 14일(목)

# 드디어 감비아 국경 비자를 받음

다카르세네갈 오전6:20 부시택시로 출발 ···› 카랑세네갈 국경–감비아 국경 오전11:10 도착 ···› 택시로 바라선착장 ···› 바라선착장에서 페리 탑승 후 1시간 소요 ···› 반줄선착장에서 택시 ···› 반줄감비아

| 기간 | 도시명 | 숙소 | 숙박비 |
|---|---|---|---|
| 3/14 | 감비아 – 반줄 | Princess Diana Hotel | 700D |

| 교통편/이동경로 | 교통비(2인 기준) |
|---|---|
| 부시택시(세네갈 다카르–세네갈국경) | 12,000+(짐)3,000CFA |
| 택시(감비아국경–바라선착장) | 2,000+(짐)1000CFA |
| 페리(바라선착장–감비아 반줄) | 30D |

주 세네갈 감비아 대사관에서 비자를 받지 못했지만 감비아 국경에서 입국 비자를 받을 수 있을 거라는 희망을 가지고 일단 출발했다. 아직 캄캄한 새벽 5시에 민박집 사장님 부부는 우리를 부시택시 터미널까지 데려다주고 세네갈 국경까지 가는 부시택시도 주선해 주셨다. 캄캄한 새벽 얼굴도 보이지 않는데 작별인사를 해야 했다. 우리가 숙박하고 있는 동안 더운 날씨에도 불구하고 사모님께서는 우리의 식사를 위해 많이 신경을 써 주셨다. 사모님 감사합니다.

민박집 사장님과 사모님! 타국의 좋지 않은 환경에서 부디 건강하십시오. 부시택시 터미널은 폐차 일보 직전의 중고차들로 가득 차 있는데 이

차들이 정말로 굴러갈 수 있을까? 기어 손잡이도 없고 차체는 뼈대만 있고 의자도 전혀 조정되지 않고 뒷좌석에 6명이 타도 좁은데 아이들 2명을 더 태워가니 어깨를 포개고 앉아가야 했다.

짐도 사람 이상으로 가득 싣고 남는 짐은 자동차 위에 싣고 간다. 1시간 이상 손님을 기다리다 옴짝달싹할 수 없을 정도로 인원이 다 채워져 6시 20분에 출발하게 되었다. 오샘은 분명히 이 차는 중간에 고장이 나서 끝까지 가지 못 할 각오를 하란다. 다카르 시내를 벗어나 외곽으로 계속 가는데 아직 어둠이 가시지 않은 이른 시간에 다카르 시내 쪽으로 들어오는 차량들이 엄청 많다. 일거리가 없어 노는 사람들도 많은 것 같은데 시내 쪽으로 들어오는 버스 정류장마다 많은 사람들이 버스를 기다리고 있다.

우리 차에 타고 있는 손님들은 모두 체격이 큰 현지인들인데 자리가 비좁고 매우 불편할 텐데도 뭐가 그리 할 말이 많은지 계속 떠들어대면서 신나게 가고 있다. 점점 도로 상태가 엉망이다. 도로포장이 패인 곳이 낡아 2차선 도로에서 양쪽으로 달리는 차가 서로 뜯긴 곳을 피하려고 하니 충돌할 듯이 아슬아슬하게 달린다.

좌석 뒤에는 목 받침도 없고 앞의 도로 상태가 불안하여 계속 목을 빼고 앞을 보면서 가다 보니 목이 매우 아프다. 이미 폐차가 됐을 법한 차로 많은 손님과 짐을 싣고서도 이런 불량한 도로를 운전기사는 속도를 내면서도 부드럽게 운전을 잘도 한다. 도로 주변이 한가한 풍경을 지나고 그러다가 시골동네 장터인 곳을 만나면 사람들로 북적인다. 그렇게 쉼 없이 4시간쯤 달리더니 꽤 큰 도시의 매우 북적이고 혼잡한 시장에서 인파를 뚫고 역시 폐차장 같은 차부에 차를 세운다.

이러한 상태의 차로 이렇게 뜨거운 날씨에 많은 사람과 짐을 싣고 거의 패인 울퉁불퉁한 도로를 4시간을 사고 없이 달렸다는 것이 신기하기도 했다. 잠시 쉬었다가 또다시 출발한다. 시장을 거의 다 빠져나갈 때쯤 샌드위치 파는 노점상을 보더니 손님들이 차를 세우란다. 그리고 손님들이 샌드위치를 사 먹은 후 우리 차는 또 달리기 시작한다. 우리는

준비해 간 바게트 빵을 점심식사 대신 먹었지만 운전기사는 다카르에서 출발할 때 우리가 준 바나나 1개만 먹고는 아무것도 안 먹었다. 차가 출발하고 나니 바게트라도 사줄 걸 하는 미안한 생각이 들었다.

도로 상태가 나쁘면 운전기사는 아예 동네로 들어가 비포장인 옛길로 달려가기도 한다. 덕분에 우리는 아프리카의 시골마을을 볼 수 있는 기회가 되기도 했다. 그렇게 5시간쯤 달려 세네갈 국경인 카랑에 도착하였다. 우리 운전기사 Best Driver!

감비아 국경에 가서 오샘은 긴장한 모습으로 출입국 사무소로 들어가 인터뷰를 받았다. 감비아 출입국 사무소 직원의 왜 감비아에 입국하려고 하느냐는 물음에 감비아는 자연환경이 아름답고 맑은 물과 쿤타킨테의 고향으로 영화에도 나온 감명 깊은 나라로 입국 비자를 주면 나의 고향에 가서 널리 선전하겠다고 사정을 했다.

그들은 우리를 이리저리 살핀 후 자기들끼리 의논을 하더니 드디어 입국 비자를 발급해 주었다. 50%도 안 되는 확률로 밀어붙였는데 비자를 받다니 꿈만 같다. 이곳에 오기 전에 세네갈 다카르의 감비아 대사관에 가서 며칠 동안 사정했는데도 받지 못한 비자를 받게 되다니! 오늘 아침까지도 고민하고 일단 출발해보자고 했는데, 역시 두드려라 그러면 열릴 것이다.

"국경 비자 잘하면 가능합니다."라는 주인아주머니 말씀에 일말의 희망을 갖긴 했었다. 감비아 국경에서 택시로 선착장까지 가서 다시 페리로 강을 건너 반줄로 가야 한다. 감비아 국경에서 택시를 같이 탄 감비아 청년이 친절하게 접근한다. 우리는 약간 경계하면서도 그 청년을 따라 정신없이 선착장으로 가니 곧 페리가 출발한다. 쉴 사이 없이 배표를 사고 배에 오르니 입추의 여지가 없을 정도로 많은 사람으로 가득하다. 화장실이 급한데 배낭을 메고 그 많은 사람을 뚫고 화장실이 있는 뱃머리까지 가는 일이 보통 곤혹스럽지 않았다. 한낮이라 햇볕은 쨍쨍한데 해를 가릴 곳도 전혀 없고 나는 그나마 배 바닥 위로 툭 튀어나온 쇠붙이에 걸터앉기라도 했는데 오샘은 좁은 공간에서 계속 1시간을 서서 가야만 했다. 건너는 감비아 강이 바다처럼 넓고 물살이 세고 깊다.

페리에서 내리자마자 그 청년은 친구가 운전하는 택시를 불러 우리가 원하는 숙소까지 데려다주고 돌아갔다. 감비아 국경에서부터 반줄 숙소에 도착할 때까지 그나마 우리가 의심했던 청년의 도움으로 쉴 새 없이 무사히 온 것이다.

반줄 시내에 있는 숙소인데 어설프다. 어둡기 전에 저녁식사를 해결해야 하는데 이곳은 식당도 없단다. 세레쿤타로 가든지 호텔로 가야 한단다. 거리를 돌아보고 있는데 바닷가 쪽에 커다란 호텔이 있어 호텔 식당으로 갔다. 자리 잡고 한숨 좀 돌리고 우아하게 저녁을 먹으려고 했는데 어찌나 많은 모기들이 달려드는지 허겁지겁 먹자마자 호텔을 빠져나왔다. 책에서 감비아에 말라리아 병이 많다는 것을 보았는데 실감이 되고 겁도 나면서 모기에 대한 공포증이 생기는 것 같다. 귀찮아도 내일은 괜찮은 숙소와 식당이 많다는 세레쿤타로 이동해야겠다. 그래도 오늘은 매우 운 좋은 날이다. 생각보다 쉽게 감비아 비자를 받고 들어왔으니!

2013년 3월 15일(금)

# 반줄 시내 관광

[ 반줄 Banjul, 감비아 ⋯→ 콜로리 Kololi, 감비아 ]

| 기간 | 도시명 | 숙소 | 숙박비 |
|---|---|---|---|
| 3/15 | 감비아 – 콜로리 | Banana Ville | 800D |

더워지기 전에 숙소도 옮길 겸 새벽녘에 우리는 arch22를 중심으로 뻗어 있는 반줄 시내를 둘러보았다. 오늘이 공휴일이고 다소 이른 시간이라 시내 중심 거리는 그리 번잡하지 않다. 공휴일인데 등교하는 학생들이 보인다. 왜인지 모르겠다.

어떤 청년이 우리에게 다가오며 계속 친절을 베풀어 혹시나 하고 적당히 청년의 친절에 응대하면서 가다 보니 선착장 쪽에 이른 시간인데도 많은 차량들과 사람들로 북적인다. 그런가 하면 대통령궁 가는 거리에도 벌써 아기들을 2~3명씩 데리고 있는 거지들이 많이도 나와 앉아있다.

하얀 건물인 대통령궁이 축구장 바로 옆에 있는데 그 청년은 현재 대통령에 대해 매우 만족해한다. 대통령 부인이 "쿰바"라면서 대통령궁 앞쪽에 있는 대통령 부부 동상을 기념사진으로 남기란다. 대통령궁에서 얼마 멀지 않은 곳에 알버트 시장이 있다. 이른 시간이라 아직 열지 않은 점포들이 있는가 하면 벌써 나와서 시장 골목마다 팔 물건들을 정성스럽게 손질하고 있는 사람들, 재봉틀을 설치하고 있는 양장점들, 음식을 팔고 있거나 야채를 다듬는 아줌마들 등 시장은 부산하게 하루를 준비하고 있다. 시장 뒤편으로 가니 탁 트인 드넓은 대서양이 시원하게 펼쳐진다. 넓은 바닷가는 이른 아침에 어부들이 잡아온 생선들을 산더미처럼 쌓아놓고 흥정하는 상인들로 조용하면서도 활기가 넘친다.

되돌아 나오는 시장 골목에서 우리는 안내해 준 청년에게 고맙다고 인사하고 헤어졌다. 시내로 나오니 또 다른 청년이 우리에게 계속 접근하며 말을 건네는데 그 청년이 부담스러워 걸음을 재촉하여 숙소로 들어왔다. 숙소의 매니저는 먼저 우리에게 말을 건넨다. 대한민국의 대통령이 처음으로 여자 대통령이 선출되었다는 것을 잘 알고 있다고 하면서 여자 대통령이 선출되었다는 사실을 놀라워한다.

이번 여행 전에는 알지 못하였던 아프리카의 작은 나라 감비아의 반줄에서 오늘날의 우리나라 국내 사정을 잘 알고 있으니 정말 세계는 좁다는 것을 느꼈다. 좀 더 좋은 숙소를 찾아 세레쿤타로 이동했는데 처음 찾아간 세레쿤타에 있는 숙소는 너무 형편없어 콜로리에 있는 다른 숙소로 이동하는데 그 숙소를 안다고 했던 택시 운전기사는 허둥대고 겨우 찾아가서는 요금을 더 달란다.

콜로리에 있는 숙소는 친절하고 정원도 있어 겉보기에는 괜찮은데 역시 기본 시설은 엉망이었다, 더운물은 고사하고 수돗물이 흙탕물이어서 실망했다. 양치질을 생수로 하면서 어쩔 수 없이 이곳에서 하루 더 묵어야 했다.

이곳은 중국식당이 있는데 한낮에 걷기에는 멀고 환전도 해야 하기 때문에 시내버스를 타고 갔더니 중국식당이 오후 6시부터 영업을 시작한다고 해서 환전만 하고 숙소에 들어갔다가 저녁 먹으러 다시 나와야 했다. 숙소 주인의 소개로 내일 기니비사우로 동행할 택시 운전기사를 만나 내일 이동에 대해 의논하였다. 아침 6시 반에 출발해야 오후 4시쯤에 비사우에 도착할 수 있단다. 저녁 8시쯤 전기가 끊기더니 밤 12시가 되니 전기가 다시 들어온다. 밖에서는 새벽 2시까지 계속 노랫소리가

들려온다. 서아프리카에 대한 여행 준비를 할 때 내일 가야 하는 도로에서 최근에 한국교포 여학생이 납치되었다는 정보를 알게 되었기 때문에 내일의 여정이 안전하게 잘 마무리되었으면 좋겠다는 생각뿐이다.

2013년 3월 16일(토)

# 검문과 짐 검사 여러 번 받음

콜로리Kololi, 감비아 오전6:30 택시타고 출발 ···› 기보로Giboro, 감비아국경 오전7:15 도착 ···›셀레티Seleti, 세네갈국경 부시택시 탑승 ···› 비그노나에서 다시 택시 ···› 지긴쇼르Ziguinchor, 세네갈국경 오전10:20 도착 후 부시택시 탑승 ···› 상 도밍고Sao Domingos, 기니비사우 국경 ···› 비사우기니비사우 오후2:30 도착

| 기간 | 도시명 | 숙소 | 숙박비 |
|---|---|---|---|
| 3/16 - 17 | 기니비사우 - 비사우 | Hotel Kalliste | 90,000CAF |

| 교통편/이동경로 | 교통비(2인 기준) |
|---|---|
| 택시(감비아 콜로리-감비아국경 기보로-세네갈국경 셀레티) | 700D |
| 부시택시(세네갈 셀레티-세네갈 지긴쇼르) | 5,000+(짐)2,000CFA |
| 부시택시(세네갈 지긴쇼르-기니비사우 비사우) | 8,000+(짐)6,000CFA |

어둠을 뚫고 우리가 탄 택시는 아침 6시 반에 국경을 향해 달리기 시작했다. 토요일이어서 인지 거리에 차량이나 행인이 많지 않은 편이고 감비아의 아침 풍경은 고요함이 가득하다. 콜로리를 출발한지 45분 만에 감비아 국경에 도착했다. 감비아의 흔적들을 사진으로만 남기고 떠나야만 한다. 뭔가 허전하다. 반줄에서 국립 박물관을 들르지 못하고 떠나온 것이 좀 아쉽다.

세네갈 국경 셀레티에 도착하여 부시택시에 옮겨 탔는데 세네갈에서 감비아 올 때 타고 온 부시택시보다 더 심한 폐차 직전의 택시이다. 너무

하다 싶을 정도로 의자 바닥의 스펀지도 2/3는 떨어져 나가 철골만 남아 있다. 7명의 좌석 중 3, 4번에 우리가 앉아서 가는데 현지인들은 체격도 좋고 다리가 긴데도 그 좁은 택시에 앉아 몇 시간씩 불평 한마디 없이 잘도 간다. 감비아는 세네갈에 둘러싸여 있는 나라로 감비아에서 기니비사우로 가려면 세네갈 국경 셀레티로 입국한 다음 다시 세네갈 국경 지긴쇼르에서 출국하여 기니비사우로 입국해야 한다. 국경 지긴쇼르로 가는 길은 포장도로가 움푹움푹 패인 곳이 많고 지역 간 경계에는 커다랗고 기다란 나무토막들을 도로 가운데에 걸쳐 놓아서 속도를 낼 수가 없다. 도로 양옆을 따라 망고나무 숲이 우거져 경치는 아름답다. 이 지역을 통과하는데 세네갈 북부와는 달리 짐 검사 등 검문을 자주한다.

셀레티에서 3시간쯤 지나고 비그노나에서 우리는 또 다른 택시로 옮겨 탔는데 웬 이런 좋은 차를 탔나 했더니 얼마 안 가 지긴쇼르에 도착해서는 또 다른 부시택시로 옮겨 타야만 했다. 지긴쇼르에 도착했을 때는 오전 10시 20분인데 여기에서 같은 택시에 탔던 7명은 각자 행선지로 가기 위해 헤어져야만 했다. 단지 행선지가 같다는 이유로 서로 모르는 사람들이 좁은 공간에서 살을 부대끼며 이곳까지 지루하지 않게 온 것이다.

우리는 기니비사우로 가는 부시택시로 갈아탄 후 만석이 되고 나서야 출발했다. 아침을 새벽 5시 반에 먹었는데도 이곳에서 택시가 만석이 될 때를 기다리는 동안 점심을 먹으려고 산 샌드위치와 바게트를 입맛이 없어 반도 못 먹었다. 기니비사우 국경 상 도밍고에 도착하니 짐 검사를 한다. 검문하는 사람이나 세관원들이 모두 허름한 티셔츠 차림이어서 처음에는 그들이 세관원인 줄 몰랐다.

같은 도로상에 국경만 있었을 뿐인데 세네갈의 건물들은 지붕이 평평하고 기니비사우에 들어서니 우리나라처럼 맞배지붕이다. 습지, 관목으

로 이루어진 숲이 많고 세네갈의 도로처럼 평지길이 아니고 노로가 오르내림이 많다. 도로변에 숯 가마니가 많은 것을 보니 숯을 많이 사용하는가 보다. 국경에서 동쪽으로 향해 가다 인고레를 지나 남쪽으로 조금 가다 보니 좁은 강줄기가 보인다. 강 건너자마자 상 비센테라는 곳인데 검문을 하더니 이어서 불라, 조아란데를 지나가는데도 짐 검사와 검문을 얼마나 많이 하는지 모르겠다. 날씨는 더운데 우리의 배낭 속 물건들을 다 풀어 내놓았다 넣었다를 반복하니 정말로 지치고 머리가 아프다. 여권 검사를 할 때마다 외국인인 우리 2명 때문에 다른 동행자들을 오래 기다리게 해 미안하기도 하다. 다른 지방으로 갈 때마다 이러한 검사는 계속된다. 그렇게 기운을 빼기도하고 기니비사우의 녹색 풍경을 감상하기도 하면서 가다 보니 우거진 녹색 숲 사이사이로 붉은 지붕들이 드러나 있는 아름다운 풍경들이 멀리 보인다. 기니비사우의 수도인 비사우가 보이는 것이다. 타고온 부시택시 운전기사가 친절하게도 시내 중심에 있는 우리 숙소까지 갈 수 있게끔 택시를 잡아 흥정하고 택시에 태워준다. 친절한 운전기사님! 감사합니다.

비사우는 녹색 도시다. 도시 외곽의 길가를 따라 북적이는 시장이 계속 늘어서 있다. 도로 폭이 넓고 반듯반듯하게 계획된 도시이고 자동차들도 감비아보다는 외관이 괜찮아 보이고 깨끗한 파란색 차들이 눈에 많이 띄는 등 겉으로 보이는 도시 모습은 세계 10대 최빈국인가 의심이 간다.

지긴쇼르에서 비사우까지 실제 거리는 멀지 않은데 검문, 짐 검사가 많아 오래 걸리는 것이다. 이 도로가 위험하다고 해서 출발 전에 매우 걱정했는데 별다른 불상사 없이 무사히 오히려 예정보다 1시간 30분이나 빠른 오후 2시 30분에 비사우에 도착했다.

2016년 3월 17일(일)

# 비사우 시내 관광

숙소는 숙박비가 비교적 비쌌지만 최빈국에 있다는 생각이 들지 않을 정도로 깨끗하고 시설도 괜찮았다. 먼동이 틀 무렵 시내를 둘러보기 위해 거리로 나섰다. 기니비사우는 포르투갈 식민지였기 때문인지 아직도 시내 중요 거리는 널찍하고 반듯한 차도와 인도, 울창한 가로수 고목들로 하여금 녹색의 안정감이 묻어난다.

국회 의사당을 중심으로 식민지풍의 커다란 단독 주택들이 고급스러운 분위기를 드러내기도 한다. 그러나 이면 도로에는 어려운 서민들의 생활환경이 극명하게 드러나 있다. 시내 중심가에 커다란 공설운동장이 있는데 마침 문이 열려있어 들어가 보니 많은 젊은이들이 축구를 하고 있다. 밝고 건강한 젊은이들이 몰려와 같이 사진을 찍자고 해서 그들과 사진을 찍고 이어서 시내를 1시간 더 둘러보고 숙소로 돌아왔다. 호텔 매니저와 식당 종업원들, 가이드북 등에서 기니의 코나크리까지 가는 교통편을 알아보았는데 코나크리로 가는 길은 1박 2일 동안 가야 하는 결코 쉽지 않은 여정인 것이다.

내일 아침 6시에 출발하여 부시택시 터미널로 가서 다른 사람들 가는 대로 좇아 가면 코나크리에 도착하겠지 하는 마음이다. 코나크리에 무사히 도착할 수 있기만을 바랄 뿐이다. 코나크리까지 파이팅!!!

KALLISTE
Bar-Hôtel-Restaurant

2013년 3월 18일(월) - 3월 19일(화)

# The road beyond the border is horrible

오전5:40 숙소에서 출발 ··· 오전7:20 비사우[기니비사우] 부시택시 터미널에서 출발 ··· 가부[Gabu, 기니비사우] 오전10:40 도착, 오후3:00 출발 ··· 3월 19일 오전7:00 코나크리[기니] 도착

| 교통편/이동경로 | 교통비(2인 기준) |
| --- | --- |
| 부시택시(기니비사우 비사우-기니비사우 가부) | 8,000CFA |
| 부시택시(기니비사우 가부-기니 코나크리) | 8,000+(짐)2,000CFA |

기니비사우에서 코나크리까지 길이 매우 안 좋고 거의 하루가 걸린다고 해서 새벽 5시 40분에 숙소에서 출발했다. 주위가 깜깜한데 부시택시 터미널은 조용하다. 택시 운전기사들은 아직도 택시 안에서 자고 있다. 아직도 어두운데 손님들은 한 사람, 한 사람 모여들고 배차 요원들도 출근하고 가게 주인들도 출근해 청소하고 상품들을 진열하는 등 하루가 시작되는 채비가 이루어지면서 여명이 트기 시작하고 어둠이 걷히면서 부시택시의 모습들도 서서히 드러나기 시작한다.

7시 20분이 되어서야 비좁은 택시에 7명 성원이 되어 가부를 향해 출발했다. 역시 기니비사우는 숲의 나라이다. 드문드문 마을이 있고 도로변에 숯 가마니들이 보이면서 마치 강원도의 산악 지역을 드라이브하는 것 같다. 생각보다는 빨리 10시 40분에 가부에 도착했다.

흙먼지 속에 행인들, 가게 상인들, 마차, 손수레, 택시들로 혼잡하다. 코나크리로 가는 한 남자를 부시택시 안에서 만났기 때문에 코나크리까지 그와 동행하기로 했다. 그런데 가부라는 도시에 도착해 부시택시에서 내려서 복잡한 거리를 가는데 그 남자는 가끔 우리를 쳐다보면서 빠른 걸음으로 앞서 간다. 우리는 그 남자를 쫓아가질 못하고 쩔쩔매고 있는데 마침 손수레를 가진 포터가 구세주로 나타나서 우리 짐을 손수레에 싣고 코나크리행 부시택시 주차장까지 무사히 갈 수 있었다.

주차장에서 점심을 먹고 2시간 20분을 기다렸다가 출발하는데 7명이 정원인 부시택시에 9명을 태우고 지붕 위에는 산더미 같은 짐을 싣고 타이어를 얹은 후 그물망으로 단단히 붙들어 맨다. 부시택시 조수석에 2명, 가운데 4명, 맨 뒷좌석에 3명 운전기사까지 모두 어른 10명이 타고 그리고 조수는 지붕 위에 올라탄다. 그런데 도로 상태가 비포장은 물론이고 움푹움푹 패인 울퉁불퉁한 길이다. 보통 불량한 길이 아니다. 이런 도로에서 폐차 직전의 차를 운전하는 기사도, 자동차 지붕에 올라앉아가는 조수도 모두 대단히 용감한 사람들이다.

기니 국경에 들어서자마자 무동력선 배로 강을 건너고 입국 신고를 하는데 비자가 있는데도 입국세를 또 받는다. 여기에서 가장 가까운 코운다라까지는 계속 밀림 속으로 난 길을 가는데 길이 엄청나게 울퉁불퉁하여 힘들고 지친 상태인데다 졸음까지 겹치게 되어 비몽사몽 시달리며 가고 있었다. 이러한 곳에도 정착한 토착민들이 있었고 야자수 잎으로 된 원추형 지붕을 거의 땅에 닿을 정도로 얹은 집에서 살고 있다. 외

무에서 지원받아 만든 우물과 학교도 있었다. 이 지역 사람들은 우기에는 그나마 이동할 수 없다고 한다. 2시간 30분 동안 전쟁을 치르듯 통과해 코운다라에 오니 오후 6시가 넘었다. 그곳에서 잠시 쉬길래 차가 정차하자마자 시원한 물을 사려고 했는데 병에 들어있는 물은 없고 봉지물만 있어 물을 사지 못했다. 전기가 들어오지 않는 곳이라 아이스박스 안에 있는 음료수들은 모두 미지근하다. 어둑어둑해서 잘 보이지도 않는데 억지로 볶음밥 같은 것으로 저녁을 조금 먹는 둥 마는 둥 하고 출발하는데 노점에서 병에 들어있는 미지근한 물을 발견했다. 이 물이라도 감지덕지 해야지!

국경 칸디카와 기니의 코운다라까지는 86km로써 소름 끼치는 길이라고 가이드북에 소개되어 있어 2시간 정도만 고생하면

되겠지 했는데 코운다라를 지나서도 전혀 나아지지 않고 계속 엄청나게 도로 상태가 나쁘다. 자동차도 온전한 상태로 남기 어려운 길이다. 어쨌든 어두운 산길을 흙먼지 일으키며 비좁은 차를 타고 덜컹덜컹하면서 가니 의자 모서리에 걸터앉아 가는 오샘은 엉덩이가 아파 어찌할 바를 모른다. 그렇게 10시간을 덜컹덜컹하면서 이동하니 밤12시가 넘어 기니의 라베에 도착했다.

너무 힘들어 우리는 이곳에 내려서 쉬어가려 했으나 도저히 이 밤중 초행길에 숙소를 찾을 수도 없고 숙소가 있다고 해도 너무 열악한 환경 때문에 머무를 수 없을 것 같아 계속 코나크리로 가기로 했다. 이곳부터는 조수가 운전을 하기 시작했고 다행히 손님 한 명이 내리고 그 자리엔 운전기사가 앉아 갈 수 있게 되어 지붕 위에는 짐만 싣고 가게 되었다. 지붕 위에 사람이 타고 가는 것은 매우 위험한데 다행이다.

역시 비포장도로이고 잦은 검문으로 시간을 많이 빼앗긴다. 어떤 곳에서는 검문을 하던 군인들이 여권을 주지 않고 돈을 내란다. 우리는 대사관에서 비자비를 이미 지급했고 국경에서도 입국세를 냈기 때문에 못 주겠다고 하고 기니 대사관에서 받은 영수증을 보여주며 오샘이 검문하는 군인에게 이름을 알려 달라고 하고 코나크리에 가서 이 사실을 신고하겠다고 하니 그제야 여권을 준다. 가는 곳마다 돈을 요구하는 그들을 보니 우리도 예전에는 그렇지 않았었나 하는 생각이 든다. 어쨌든 우리 때문에 시간이 지체되어 동행한 사람들에게 미안했다.

새벽 4시쯤 코나크리의 외곽 도시 길거리에 차를 세우더니 날이 샐 때까지 길에서 자고 간단다. 길가에 있는 기다란 나무 의자에 누워 1시간 정도 잠을 자고 코나크리로 향했다.

코나크리에 도착했는데 비사우부터 같이 온 남자가 차비가 없다며 5,000GF를 달라고 해 얼른 5,000GF를 주었다. 얌전한 남자 분! 24시간을 우리와 함께 동행해 주셔서 고맙습니다.

숙소를 찾아 2시간 넘게 이리저리 헤매다가 타콘코 비치에 있는 잘 가꾸어져 있는 아름다운 숙소를 찾아 들어갔다. 숙소에 들어가자마자 세탁 맡길 흙투성이가 된 배낭 커버와 입었던 옷들을 쌓아 놓으니 한 보따리다. 그런데 이곳은 전기 사정이 안 좋아 오전 7시 30분부터 오후 7시까지 단전이 되어서 에어컨, 세탁기, 냉장고 등 전기제품이 있어도 낮에는 무용지물인 것이다.

우리는 오늘 하루는 무조건 숙소에서 쉬기로 하였다. 이 숙소는 프랑스인인 모자가 운영하고 종업원들은 현지인들이다. 기니가 프랑스 식민지였어서 언어는 프랑스어를 사용한단다.

주인 할머니와 이야기하면서 우리의 계획을 설명하고 할머니께서도 많은 정보를 주셨다. 할머니께서 바나나, 커피를 주시고 우리가 중국식당의 위치를 물어보니 중국식당이 멀리 있다며 라면 2봉지를 가져오셔서 끓여주시겠다고 하신다. 매우 친절하시다. 저녁때는 어두워서 나갈 수 없고 위험하다며 숙소에서 저녁을 준비해 주신단다. 정원에 있는 식탁에서 맛있는 생선구이로 저녁을 먹고 나니 어제 새벽부터 오늘 아침까지의 험난한 여독이 싹 풀리는 것 같다. 어제, 오늘은 생각지도 않던 길고 험난한 여정이었다.

2013년 3월 20일(수)

## 시에라리온과 코트디부아르 비자 신청, 코나크리 시내 관광

| 기간 | 도시명 | 숙소 | 숙박비 |
|---|---|---|---|
| 3/19 – 21 | 기니 – 코나크리 | Pension Les Palmiers | 1,500,000CFA |

오전 9시쯤 숙소를 나와 택시를 잡는데 택시를 잡는 사람들도 많고 같은 방향의 택시를 합승으로 타야 한다. 정원을 지키지도 않고 택시가 대중교통수단인지 대부분 현지인들도 택시로 이동하기 때문에 택시를

잡기가 매우 힘들다.

거리에 대중교통인 버스가 보이지 않는다. 우리는 겨우 합승을 해서 시에라리온 대사관으로 갔다. 오전 10시가 되니 영사가 출근하여 비자 발급에 관한 업무를 시작한다. 여권의 이름과 번호만 적어 놓고 여권은 돌려주면서 두 사람 합해서 50USD를 갖고 내일 오란다. 너무 일이 쉽게 진행되어 기분이 좋다.

여권을 받고 이어서 코트디부아르 대사관으로 갔다. 시에라리온 대사관은 건물이 지나칠 정도로 소박한데 비해 코트디부아르 대사관은 시설이 잘 되어있고 낮인데도 전기가 공급되는지 대기실에 에어컨을 켜놓고 기다리게 한다. 비서실 직원들이 웃으면서 잠시만 기다리라고 한다. 그런데 잠시가 너무 길어져 오샘이 직접 들어가 이야기하니 그제야 영사가 비자 신청을 받고 비자 발급비를 1인당 145USD를 내란다. 여행자로서

잠시 경유하는데 지나치게 비싸다.

영사 역시 웃으면서 업무를 처리하고 또 잠시 기다리란다. 또 잠시가 길어져서 다시 확인하니 그제야 다른 직원과 함께 2층에 있는 다른 방으로 데리고 가서 본격적으로 비자 신청이 이루어지는데 사진을 찍고 (앞, 옆, 정면 눈동자) 지문을 찍는 등 마치 범인 취급 받는 기분이다. 점심도 거른 채 4시간 만에 대사관을 나서서 길 건너 노점에서 바게트 샌드위치로 늦은 점심을 먹는데 먹히지 않아 우리들은 반 이상을 남겼다. 물 파는 곳이 보이지 않는다.

시내 관광을 하기로 했다. 가까운 곳에 있는 대통령궁으로 향하니 로터리부터 대통령궁 입구까지 군인들이 막사에 기거하면서 경비를 한다. 로터리부터 출입을 제한해서 밖에서만 보고 대성당에 가니 오늘 무슨 추모행사가 있는지 미사가 엄숙히 진행되고 있었고 교회 마당에도 고유 복장으로 정장을 한 사람들이 많이 서성이고 있다. 거리마다 많은 상인들과 자동차들로 북적이고 혼잡하고 지저분하다.

국립 박물관에 가니 보수공사가 한창인데 그나마 오늘은 휴관이어서 되돌아 나와야 했다. 박물관 앞에서 택시를 타고 숙소로 오는데 도로에 불을 지르고 차량 통행을 막는 사람들 때문에 다른 길로 가야 하는데 길을 한참 헤매다 겨우 숙소에 왔다. 어제도 오늘도 경험해 보니 이곳은 주소로는 길 찾기가 매우 어렵게 되어있는 것 같다. 오늘도 혼돈된 하루를 보낸 것 같다.

2013년 3월 21일(목)

## 코트디부아르 체류 기간 오류 발생

해가 뜨자마자 숙소 앞 해변으로 산책을 나갔다. 밤이 되면 젊은 사람들로 북적이고 시끄럽던 해변이 조깅하는 사람들만 몇 명 있고 고요하다. 넓은 모래밭이 검은 모래로 덮여있고 자동차도 다닐 수 있을 정도로 단단하다.

아침식사 때 러시아 학생들과 이야기하다 보니 내일 자동차를 렌트해서 시에라리온의 프리타운으로 간다고 해서 동행하기로 했다. 참 다행이다. 오늘 대사관에 가서 교통편을 알아보려고 했는데 교통편이 이렇게 쉽게 해결되다니. 교통비도 절약되고. 숙소 옆에는 유치원이 있는데 부유층만 다니는 곳인지 고급차들이 아이들을 데리고 온다.

오전 10시 넘어 시에라리온 대사관으로 가는데 오늘도 역시 택시 잡기가 어렵다. 시에라리온 영사는 여권을 보여 달라고 하지도 않고 50USD를 받고는 자기의 명함에다 우리의 여권번호를 적고 그 명함을 국경에 가서 제출하면 된다고 한다. 여러 가지 구비서류도 없이 쉽고 간단해서 좋다.

코트디부아르 대사관으로 가서 비자카드를 받고 보니 문제가 생겼다. 어제 서류 작성할 때 혹시 하루 이틀 정도 늦어져도 된다고 하여서 우리는 3월 29일 코트디부아르에서 출국하는 것으로 생각하고 신청했는데 3월 29일 이후에 입국이 가능한 것으로 비자카드에 표시되어있는 것이다. 여행 계획을 다시 조정해야만 했다.

일서네와 인제네 소식이 궁금하지만 목소리 듣는 것은 고사하고 연락할 방법이 없어 중앙 우체국에 갔다. 기니 엽서를 사서 안부를 전하는 내용을 적어 한국과 핀란드로 일서네와 인제네한테 보냈는데 잘 도착하겠지. 거리에 나서니 역시 쓰레기들이 널려있고 사람들, 상인들, 자동차들로 혼잡하다.

택시로 Conakry Gamal Abdel Nasser University를 지나 숙소에 돌아와 늦은 점심을 라면으로 해결했다. 오늘은 평일 낮인데도 숙소에서 내려다보이는 해변에는 해수욕을 하러 온 사람들로 시끌시끌하다. 오늘이 기니에서의 마지막 날이다.

오늘도 숙소의 친절한 주방 아줌마께서 맛있는 식사를 차려주셔서 기분 좋게 먹었다. 이곳의 주방 아줌마. 청소부. 수위 등 잡일을 하시는 모든 분들이 친절하시다. 저희는 내일 아침 이곳을 떠납니다. 그동안 저희들에게 친절하게 대해 주셔서 감사합니다.

숙박비, 식비 등 제반 경비를 정산한 내용을 보니 첫날 우리가 주문하지 않은 할머니께서 친절하게 내 오셨던 바나나, 커피, 라면값이 전부 경비에 포함되어있는 것이다. 할머니 말 한 마디 한 마디마다 마치 요술방망이처럼 모두 돈이 붙어있는 듯한 기분이다. 어찌할꼬. 어쨌든 우리가 먹은 것이니 지불해야지….

2013년 3월 22일(금)

# 사연 많은 시에라리온 비자

코나크리기니 오전7:50 출발대절한 부시택시로 프리타운까지 이동 ··· 코야Coya ··· 칸다코라Kandakora ··· 파네랍Panelap, 기니 국경 오전11:00 도착 ··· 캄비에Kambie 시에라리온 국경 오후12:30 출발 ··· 프리타운시에라리온 오후3:15 도착

| 기간 | 도시명 | 숙소 | 숙박비 |
|---|---|---|---|
| 3/22 - 23 | 시에라리온 - 프리타운 | Andys' Hotel | 24,000Le |

| 교통편/이동경로 | 교통비(2인 기준) |
|---|---|
| 대절부시택시(기니 코나크리-시에라리온 프리타운) | 700,000GF |

숙소에서 고맙게도 아침 6시에 식사를 제공해 주어 든든하게 출발할 수 있었다. 대절 택시가 약속시간보다 늦게 와서 7시 50분에야 출발했다. 출근 시간, 등교 시간과 맞물려 극심한 교통 정체로 코나크리를 벗어나는데 시간이 많이 걸렸다. 도로가 너무 지저분하다.

코나크리, 코야를 지나니 도로 상태가 좋아져서 마치 드라이브를 신나게 하는 기분이다. 가다 보니 꽤 큰 시장이 인파로 북적인다. 기니의 국경도시 파네랍이다. 11시쯤 이곳을 지나 시에라리온 국경에 도착하니 남녀 경찰 제복을 입은 사람들이 많다. 우리한테 방으로 들어오라고 하더니 돈을 요구한다. 시에라리온 돈은 기니 국경에서 기니에서 남은 GF를 Le로 바꾼 11,000Le(약2.6USD)만 있어 이 돈을 주니 얼른 받는다. 어이

가 없다. 가이드북에서 시에라리온은 공공연하게 돈을 밝힌다고 했는데 실감이 난다.

출입국관리사무소에서 입국신고서를 쓰는데 같이 간 러시아 학생들에게는 각자 쓰게 하고 우리 것은 자기네가 직접 써준다. 벽에 붙어있는 표를 보더니 473,000Le를 내란다. 110USD인 것이다.

우리는 코나크리에 있는 시에라리온 대사관에서 영사로부터 받은 영사가 직접 우리 여권번호를 기록한 명함을 보여주고 이미 영사에게 50USD을 지불하였다고 하니 그것은 아무 소용없다고 한다. 그때 마침 이곳에 오래 살고 계시다는 한국 사람을 만났다. 이분이 세관원들에게 우리들은 여행자로 시에라리온에 2~3일 머물면 트랜짓 비자만 있어도 된다고 하며 14,500Le에 억지로 타협을 보았다. 생면부지 이름도 모르는 한국인을 생각지도 않게 이러한 오지의 국경에서 만나 도움을 받다니! 이런 행운이. 그분이 계속 전화통화 중이어서 인사도 제대로 못하고 헤어졌다. 타지에서 하시는 일 번성하고 건강하십시오.

시에라리온 대사관의 영사가 국경에 자기가 전화연락을 해놓았다는 것은 거짓말인 것이다. 우리가 영사에게 50USD에 대한 영수증을 달라고 하니 국경에 가서 비자를 받을 수 있다며 영수증은 안 주고 명함만 써 준 것이다. 대사관에서 어째 쉽게 비자 처리가 되나 했더니 50USD만 영사에게 빼앗긴 것이다. 또 출입국관리사무소에서는 우리가 트랜짓 비자를 받을 것을 알면서도 입국신고서를 써주고 473,000Le이나 받으려고 한 것이다. USD는 안 되고 꼭 환전해 오란다. 영사, 세관원, 환전상 모두 짜고 하는 것 같다는 생각이 든다. Le에 대한 개념이 아직 없는데 갑자기 개인 환전상에게 환전해서 비자비 지불하고 세관원들과 신경전을 하느라 시간이 너무 오래 걸렸지만 동행한 러시아 학생들이 계속 기다려주어 미안하고 고마웠다.

12시 30분 다 되어서야 시에라리온 국경에서 출발하였다. 기니보다는 도로포장이 잘 되어있고 도로변도 깨끗하고 집들도 제법 반듯반듯하고 차들도 기니보다 좀 더 좋은 차들이 다닌다. 프리타운이 세계에서 3번째로 큰 천연 항구라고 해서 기대를 갖고 멋진 항구도시가 눈에 들어오기를 바랐는데 프리타운으로 들어가는 길이 돌아 돌아서 가게 되어있고 대낮인데도 프리타운 입구부터 어찌나 교통 정체가 심한지 정신이 하나도 없다. 좁은 길에서 이리저리 피해가면서 가는데 복잡하기 이를 데가 없다.

예상보다 늦은 오후 3시 15분에야 부시택시 주차장에 도착했다. 동행한 러시아 학생들과 우리는 대절 택시가 각자의 숙소까지 데려다주는 것으로 알았는데 시 외곽에 있는 부시택시 주차장까지만 가는 것이다.

운전기사와 설전을 해 결국 다른 택시 운전기사로 하여금 학생들과

우리들 각각의 목적지까지 데려다주게 했다.

시에라리온 국경에서 점심으로 먹으려고 10,000Le이나 주고 산 바나나가 익지 않은 것이어서 점심을 굶은데다 부시택시 주차장에서 땡볕에 운전기사와 상대하느라 신경을 쓴 오샘은 완전히 파김치가 되었다. 설상가상 숙소는 재래시장 한복판에 있어 시끄러운데 역시 전기 사정이 좋지 않아 에어컨이 저녁 7시부터 아침 7시까지만 들어온단다. 다른 숙소로 옮기려고 해도 교통 정체인 길을 택시를 타고 간다는 자체가 너무 힘들 것 같아 오늘 하루는 그냥 여기서 묵기로 했다. 정말 우리는 사서 고생한다. 정신을 추스른 후 라이베리아의 몬로비아로 가는 교통편을 알아보니 두 블럭 지나 가까운 곳에 SLRTC버스 터미널이 있어 다행이다. SLRTC버스를 타려면 터미널에서 새벽 5시부터 기다렸다가 6시부터 표를 살 수 있고 사람이 다 채워져야만 출발하는데 대개 7시쯤 출발이 된단다. 여기서는 택시 타고 다니는 것도 시간 예상을 못할 것 같아 새벽 5시까지 터미널에 오려면 결국 터미널이 가까운 이곳에 계속 있어야 할 것 같다.

저녁식사 후 버스터미널을 확인하고 오니 시끄러운 소리를 내며 작동하는 에어컨이 반갑기만 하다. 이제 숨 좀 돌려야겠다. 오늘 여정은 대절한 차로 이동하고 이동거리도 짧은 편이라 쉬울 줄 알았는데 신경 쓰이는 의외의 일이 발생해서 힘들고 지쳤다.

– 하쿠나 마타타 –

2013년 3월 23일(토)

## 프리타운 시에라리온

낮에 더워서인지 시장이 새벽 1시, 2시에 더 시끄럽고 활기차다. 새벽 5시 오샘은 SLRTC버스 터미널에 사전답사를 갔다 오겠다며 플래시를 들고 나간다. 오샘 혼자 나갔는데 6시 30분이 되어도 오지 않아 궁금해서 나도 밖으로 나가려는데 문이 잠겨있어 나갈 수가 없다. 오샘은 아까 어떻게 나갔나? 문이 잠겨 있어 못 들어오고 있는 건가? 다른 일이 생겼나? 연락할 길이 없어 안절부절못하고 있는데 7시가 다 되어서야 아침거리를 사들고 들어온다. 벌써 덥고 지친 표정이다. 그래도 들어오는 오샘을 보니 안심이 된다. 버스가 출발하는 것은 보지 못하고 지금까지 버스터미널에서 상황을 살피다가 들어온 것이라고 한다.

오전 9시부터 내일 버스표를 판다고 해 9시에 나갔는데 벌써 후덥지근하다. 바닷가에 있는 버스터미널에 갔다가 대성당, 교회, 수령 500년 된 Cotton Tree를 보며 다니는데 거리에 나와 있는 젊은 청년들, 노인들, 모든 이들이 곱지 않은 표정으로 우리에게 한마디씩 한다. 혼자서는 겁에 질려 못 다닐 것 같은 분위기이다. 오랜 내전이 있어서인지 지체장애인이 여기저기에 있다. 1시간 정도 시내를 다녔는데도 더위에 몸이 지친다. 이런 현상이 열대의 기후인가 보다. 이러한 자연환경에서 이들에게 부지런하기를 바란다는 것은 어불성설인 것 같다.

에어컨이 있는 식당에서 간단한 점심식사와 커피까지 마시고 시원하게 있다가 마땅히 가볼만한 곳도 없고 해서 2시 반쯤 숙소로 왔는데 에어컨이 작동이 안 되어 후덥지근하다. 그동안 인제네와 일서네한테 계속 문자메시지를 보내려고 시도해 보았지만 '긴급연락처'만 뜨고 문자전송이 안 된다. 더위 때문에 입맛이 없어 저녁식사는 음료수와 과자 부스러기로 대충 해결했다. 커피가 시에라리온 주산물이라고 알고 왔는데 식당에서도 네스카페를 주고 거리에도 커피를 파는 곳이 없다. 콜롬비아에서는 커피 파는 행상들이 많았었는데. 라이베리아로 가는 도로가 불량하다고 해 내일도 긴장해야 할 것 같다.

2013년 3월 24일(일)

## 험난한 여정

프리타운시에라리온 오전7:10 SLRTC버스 출발 ···› 케네마Kenema 오후1:00 도착, 오토바이 이용하여 오후2:00 출발 ···› 짐미Zimmi ···› 겐데마Gendema 시에라리온 국경 오후5:58 도착

| 기간 | 도시명 | 숙소 | 숙박비 |
|---|---|---|---|
| 3/24 | 겐데마 | Vision Guest House | 10USD |

| 교통편/이동경로 | 교통비(2인 기준) |
|---|---|
| SLRTC버스(시에라리온 프리타운-시에라리온 케네마) | 50,000Le |
| 오토바이(시에라리온 케네마-시에라리온국경 겐데마) | 280,000+(짐)10,000Le |

트랜짓 비자가 오늘 저녁 6시까지이기 때문에 오늘 시에라리온 국경을 넘어야만 한다. 플래시 불빛을 비추면서 SLRTC버스 터미널에 와서

1시간 10분 기다려 국경으로 가기 위한 경유지인 케네마로 향해 오전 7시 10분에 버스가 출발했다. 도로 포장 상태도 좋고 파란 하늘로 야자수들이 쭉쭉 뻗은 도로 풍경들이 매우 이국적이고 아름답다. 옆자리에 앉은 젊은이에게 물어보니 오늘 오후에 시에라리온 국경을 넘을 수 있다고 해서 즐겁고 가벼운 마음으로 한낮 1시쯤에 케네마에 도착하였다.

그런데 다른 도시에서는 버스에서 내리면 그렇게 많던 택시들이 여기서는 보이지 않고 많은 사람들이 우리 주변으로 몰려든다. 프리타운의 숙소 주인이나 버스터미널에서는 이곳에서 버스를 타면 된다고 했는데 막상 도착하니 버스가 없단다. 오로지 오토바이만 통행한다고 한다. 어쩔 수 없이 오토바이를 타고 가기로 했는데 요금이 너무 비싸다. 우리가 속는 건지 어떻게 된 영문인지도 모르면서 나만 헬멧을 얻어 쓰고 2시에 오샘과 나는 오토바이를 나눠 타고 시에라리온 국경을 향해 달려가기 시작했다.

자동차도로가 아니고 산속 오솔길을 오토바이가 달려가는데 움푹움푹 패인 곳, 골이 있는 곳, 울퉁불퉁한 길, 오토바이가 아니면 다닐 수 없는 최악의 도로 상태인 길을 흙먼지를 일으키며 마치 덤블링을 하듯 달리니 나는 그나마 헬멧을 썼지만 오샘은 그 붉은 흙먼지를 옷은 물론 맨 얼굴에 다 뒤집어써서 차마 볼 수가 없을 정도로 몰골이 처참하다.

오샘은 허리와 다리가 아파 계속 중간에 쉬었다가기를 간청하기도 하고 천천히 갈 것을 부탁해보지만 시간이 없다고 오토바이 운전기사들은 모른 체 하며 계속 달려간다. 15분쯤 달려가면 국경이 나올 줄 알았는데 2시간이 지나서야 산 속의 한 검문소(Zimmi)에 도착했는데 검문소의 군인들이 100USD를 내란다.

할 수 없이 50USD만 주고 또다시 오토바이와 우리는 덤블링을 하며 달려갔다. 시에라리온 국경 도로 140km 오솔길을 오토바이의 뒷좌석에 타고 쉴새없이 달리는데 튀어 오르는 충격으로 허리가 아프고 입을 벌리고 있지 않으면 이빨이 부딪쳐 부러질 것만 같다. 앞에 가는 내가 탄 오토바이를 뒤따르다보니 비포장 도로의 흙먼지가 모두 입안으로 들어가고 있어 오샘의 고생이 이만 저만이 아니다. 우리는 너무 무모한 짓을 하며 극한의 위기를 넘기고  있는 것이다. 오샘은 헬멧도 쓰지 않았는데 이러다 사고라도 나면 어쩌나 하는 걱정 때문에 나는 어찌할 바를 모르겠다. 그런데 뒤돌아 갈 수도 없고 오로지 앞으로 가야만 국경에 도달할 수 있어 집으로 돌아가려면 선택의 여지가 없었다. 도로 상태나 도로 폭을 보면 자동차가 다닐 수 있는 길도 아니다. 어차피 국경을 통과해야 하는 도로라면 국가가 책임지고 도로를 정비해야 하는 것이 아닌가 하는 생각이 든다. 그렇게 50분쯤 달려가니 또 검문소가 나온다. 검문소를 지나 오토바이 운전기사들이 또 1시간 10분을 인정사정없이 곡예운전을 하면서 국경에 도착하니 6시 2분 전이다. 총 4시간의 곡예 여행 끝에 트랜짓 비자 만료시간 2분 전에 도착한 것이다. 왜 오토바이 운전기사들이 무모하게 달렸는지 알 것 같다.

출입국관리사무소 세관원이 2분 전이라면서 24일. 오늘 온 것으로 해

줄 테고 버스는 끊겼으니 이 근처의 게스트하우스에서 자고 내일 아침에 라이베리아의 몬로비아로 가는 버스를 타란다.

우리는 세관원이 'Good'이라고 추천해 준 게스트하우스에 가서 우리를 4시간이나 이곳까지 태우고 온 오토바이 운전기사들을 보냈다. 깜깜한데 그들은 지금까지 왔던 길을 다시 되돌아가야 하는 것이다. 그들이 깜깜한 밤길을 무사히 가야 하는데 걱정된다.

좋은 게스트하우스라고 왔는데 이곳은 먹을 물은 떨어져 돈이 있어도 살 수도 없고 흙탕물을 플라스틱 통에 한 통 담아주면서 바가지로 떠서 샤워도 하고 양치질도 하라고 한다. 수건도 작은 것 1장밖에 없단다. 배낭과 온몸이 온통 흙먼지 범벅인데 내일 그대로 걸치고 가야 할 것 같다. 목이 마른데 마실 물이 없어 우리는 콜라와 환타를 5병이나 마셨다. 이렇게 많이 마셔 본 것은 생전 처음이고 이 음료수로 저녁을 대신했다.

산속인데 창문이 뚫려있어 밤에 모기를 걱정하니 모기가 없다고 한다. 믿기지 않지만 어쨌든 다행이다. 그런데 밤 11시까지만 전기를 준다고 했는데 아침 6시 반까지 전기를 주어 밤새 소리를 내며 선풍기가 돌아간 덕분에 엎치락뒤치락하면서도 덥지는 않았다. 만신창이가 되어 시에라리온 국경 겐데마의 누추한 게스트하우스에 우스꽝스럽고 지저분한 몰골로 누워서 생각하니 도대체 오늘 오후에 일어난 일들이 꿈인지 생시인지 요지경 속이다. 오히려 정신은 더 말똥말똥해진다. 그래도 잠시 잠이 들었던 것 같다.

2013년 3월 25일 (월)

# 몬로비아 라이베리아 에서 아비장 코트디브아르 , 아크라 가나 가는 여정 결정함

[ 겐데마 Gendema, 시에라리온 국경 오전8:00 출국 수속 ⋯→ 오전9:00-오전9:30 보 Bo, 라이베리아 국경 에서 시외버스 탑승 ⋯→ 몬로비아 라이베리아 오후1:00 도착 ]

| 기간 | 도시명 | 숙소 | 숙박비 |
|---|---|---|---|
| 3/25 – 26 | 라이베리아 – 몬로비아 | Palm Hotel | 230USD |

| 교통편/이동경로 | 교통비(2인 기준) |
|---|---|
| 시외버스(라이베리아국경-라이베리아 몬로비아) | 500LD |

이런 산속, 창문도 제대로 닫히지 않는 방에서 자는데 모기가 없어 다행이었다. 누런 물로 고양이 세수하고 조그만 비닐주머니 물을 사서 양치질하고 나니 젊은 주인아줌마가 원래 밤 11시까지만 전기를 사용해야 하는데 오늘 아침 6시 반까지 선풍기를 틀었기 때문에 전기료를 더 내란다. 미처 전기료를 내야 한다는 것은 생각 못했는데 이런 곳에서는 발전기를 돌려서 전기를 생산하니 전기료를 내야만 했다.

어제 오토바이에 하도 질려서 오토바이를 절대 타지 않으려 했는데 오늘도 어쩔 수 없이 오토바이를 타고 어제저녁에 갔던 시에라리온 출입국 관리사무소에 다시 가니 어제 보았던 세관원이 자기가 소개해 준 게스트하우스에서 잘 잤느냐고 인사를 한다. 우리는 'Good' 게스트하우스라고 했다.

출국 스탬프를 받고 나오는데 문 앞에 있던 다른 경찰이 부르더니 황열병 카드를 달라면서 돈을 내란다. 황열병 카드는 입국할 때 내는 건데 왜 돈을 또 달라고 하느냐고 물으니 기록하는 값이란다. 이 검문소가 마지막인 줄 알았는데 또 검문소가 있다. 또 돈을 요구해서 이번에는 돈이 없다고 했다. 기니에서도 그러더니 시에라리온에서도 입국 때와 출국 때 검문소가 여러 군데 있고 가는 곳마다 돈을 요구하니 도대체 어떻게 된 나라인지 모르겠다.

조그만 다리를 건너 라이베리아 국경에 도착하여서는 1차 검문소에서 남한에서 왔다니까 'Good'이라는 말까지 들어가면서 순조롭게 검문과 세관 검사가 이루어졌다. 라이베리아 국경에서 시외버스 첫차가 8시 반에 있고 시에라리온 국경은 8시부터 개방한다고 해서 시간을 맞추어 나왔는데 시에라리온 국경에서 시간이 많이 걸려 라이베리아 입국 수속을 마치고 나니 9시 15분이다. 마침 버스가 또 들어오는데 9시 30분 출발이고 몬로비아까지 2시간 걸린단다.

몬로비아까지 가는 잘 닦여진 이 도로는 우리나라의 대우건설에서 건설한 것이라고 한다. 마치 시골의 완행버스처럼 가는 곳마다 사람과 짐을 잔뜩 태우고 더 이상 태울 수 없는데도 차장은 손님들과 짐들을 계속 우겨넣으면서 간다. 만원 버스에서 많은 승객들이 큰소리로 기도하고 노래 부르면서 떠드는데 덥고 정신도 없고 우리는 온몸이 먼지 범벅인데 땀으로 또 범벅이 되어 완전 녹초가 되었다.

도로변에 쓰레기들이 많이 널려있어 지저분하다. 2시간 걸린다더니 3시간 20분 걸려 몬로비아 외곽에 있는 몬로비아 버스터미널에 도착하였다. 다행히 점잖은 택시 운전기사를 만나 몬로비아시내 안내를 받으면서 숙소까지 왔는데 이 운전기사는 택시 장난을 않으며 시내에서는 소매치기가 많으니 조심하라고 하신다. 운전기사님은 우리에게 계속 주의하라는 눈빛을 주시며 친절하게 하신다. 고맙습니다.

점심 먹으러 숙소 가까이 길 건너편에 있는 중국 식당에 가니 주인이 한국 사람이어서 어찌나 반가운지. 모처럼 아프리카 몬로비아에서 귀인을 만나 많은 도움을 받았다. 식당 주인으로부터 아비장으로 가는 교통편을 자세히 알 수 있었고 코트디부아르 가는 방법이 해안도로를 따라가는 길도 만만치 않고 비행기를 이용해서 가는 것도 일주일에 한 번 있고 몬로비아 → 아비장 → 아크라 가는 버스도 확실치 않다고 하신다.

결국 우리는 사니켈리에서 1박을 하고 국경을 넘어가는 여정을 잡았다. 오랜만에 뜨끈한 물로 샤워를 하고 흙먼지를 모두 털어내고 나니 개운하고 정신이 난다. 시에라리온 케네마에서 시에라리온 국경까지 가는 도로 상태가 매우 안 좋고 이 길을 생각지도 않게 오토바이를 장시간 타고 이동하는 바람에 녹초가 되었었는데 앞으로의 여정에서는 별일 없기만을 바랄 뿐이다.

2013년 3월 26일(화)

## 국립 박물관 관람, 말라리아약 복용 시작

모처럼 숙소에서 아침식사를 제대로 먹어 뱃속이 든든하다. 시내에 있는 숙소에서 가나 대사관까지는 꽤 멀다. 택시를 타고 가나 대사관으로 가는 길에 라이베리아 대학 건너편에서는 무슬림들의 무슨 이유인지 모를 데모 때문에 길이 많이 막혔다.

가나 대사관에서 비자 신청을 하는데 신청서 1부를 주고 기록한 후 4부씩 복사하여 오란다. 너무 어이없다. 더운데 대사관 밖으로 나가 여기저기에서 물어 복사하는 집을 찾아가 서류를 작성한 다음 복사해서 대사관에 다시 와서 서류를 접수하니 비자를 이틀 후에 받아 가란다. 내일모레 일찍 코트디부아르로 떠나야 하니까 내일 꼭 받을 수 있게 해 달

라고 간청을 하고 돌아왔는데 잘 되었으면 좋겠다.

이틀이나 걸릴 줄 몰랐다. 비자비가 140USD란다. 대사관에서 숙소로 돌아올 때 땡볕에 택시 잡기가 너무 힘들었다. 기니에서도 그랬는데 이곳에서도 대부분의 사람들이 교통수단으로 택시를 이용하고 택시는 여러 명을 합승시킨다.

우리는 국립 박물관으로 갔다. 3층으로 된 박물관에서 전통생활 도구, 과거 라이베리아의 각 도시 모습, 독립과정을 소개하는 사진 등을 보고 아기자기하게 전시된 물품들을 볼 수 있었다. 대로변에 있는 많은 가게들을 구경하면서 가다가 모처럼 사과 파는 행상이 있어 사과를 사기도 하고 시내 이곳 저곳을 둘러보는데 상가나 거리에 다니는 사람들 표정이 밝지 않다. 우리가 학교 다닐 때만 해도 라이베리아가 꽤 잘 사는 나라로 배웠는데 이곳 분위기가 어수선하고 안정되지 못한 것 같다.

2013년 3월 27일(수)

# 초대 대통령 동상, 대성당 관광. 치안이 불안한 라이베리아

| 기간 | 도시명 | 숙소 | 숙박비 |
|---|---|---|---|
| 3/27 | 라이베리아 – 몬로비아 | Palm Hotel | 100USD |

덥기 전에 움직인다고 어둠이 걷히자마자 숙소 앞 언덕길을 따라 오르다 보니 아담한 학교가 보이고 많은 학생들이 등교하고 있는 모습이 싱그럽다. 이른 아침인데 벌써 대성당 주변에는 많은 사람들이 모여 있고 언덕길을 따라 언덕 꼭대기에 오르니 몬로비아 시내와 대서양이 고요하고 아늑하게 내려다보인다.

언덕 꼭대기에 몬로비아 초대 대통령 동상이 있고 그 옆에는 짓다가 중단된 커다란 흉물스런 모습의 호텔이 있다. 이른 아침인데도 끈끈하게 더운데 열대지역의 날씨인가 보다.

오늘 가나 비자를 받아 기분이 좋다. 라이베리아 국경에서 몬로비아로 올 때에도 UN차량들이 많이 눈에 띄었는데 몬로비아 시내에도 UN차량이 많이 눈에 띈다. 아직 반군이 나타나기도 하여 치안이 불안해 내전이 종식된 후에도 UN군이 계속 주둔하고 있단다.

사흘 동안 우리의 점심을 해결한 중국음식점의 사장님과 오늘 마지막 인사를 했다. 하루빨리 라이베리아 정세가 안정되어 사장님 사업 번창하고 외국에서 건강하시기를 기원합니다. 내일 새벽에 출발하여 1박 2일

의 여정으로 아비장으로 갈 예정인데 도로 사정이 걱정된다. 아비장까지 별 무리 없이 갔으면 하는 마음이다. 아비장까지만 가면 그 이후 여정은 좀 순탄할 것 같다.

2013년 3월 28일(목)

# 하쿠나 마타타

몬로비아라이베리아 오전9:00 부시택시 출발 ⋯→ 간타 오후1:40 도착 ⋯→ 사니켈리Sanniquellie,라이베리아 오후3:30 도착

| 기간 | 도시명 | 숙소 | 숙박비 |
|---|---|---|---|
| 3/28 | 사니켈리 | Jackie Guest House | 3,750LD |

| 교통편/이동경로 | 교통비(2인 기준) |
|---|---|
| 부시택시(라이베리아 몬로비아-라이베리아 사니켈리) | 2,400+(짐)350LD |

몬로비아에서 코트디부아르 아비장까지 1박 2일에 가기로 하고 오늘은 1박을 할 사니켈리로 가기 위하여 오전 6시 반에 숙소를 나섰는데 도심은 아직 적막감이 감돌고 별 움직임이 없다. 택시로 30분 거리에 있는 님바 파크로 향하니 반대로 도심으로 향하는 자동차 행렬은 많이 늘어났다. 님바 파크에서 사니켈리로 가는 부시택시를 탔는데 언제 정원이 차서 출발할지 모르겠다.

님바 파크에는 주로 옷, 가방 등 의류를 취급하는 상인들이 장사 준비를 하느라 분주하다. 이곳도 역시 짐도 잔뜩 싣고 조수석에 2명, 뒷좌석에 4명, 운전사까지 7명이 되어서야 2시간 후인 9시에 출발하니 2시간 30분을 정류장에서 기다린 셈이다.

옷가게들이 있는 주차장을 나오자마자 야채 등 먹거리를 파는 큰 시장이 나타나는데 벌써 사고파는 사람들로 북적이고 시장 건너편 도로변

은 잔뜩 쌓인 쓰레기들을 태우는 연기로 매캐하다. UN차들이 도심뿐 만 아니라 외곽에도 많이 보인다. 손님들 중 경찰관이 2명이 있어서인지 검문소를 지날 때마다 무사통과를 해서 기분이 좋다.

님바 파크 주차장에서 일하는 사람들이 사니켈리로 가는 길은 'Good'이라고 했는데 반신반의했지만 역시나 우리가 생각한 'Good'이 아니다. 사니켈리로 가는 길 역시 도로포장이 뜯긴 곳이 많아 계속 요리조리 피해 곡예운전을 하며 가는데 이런 길에서도 우리가 탄 택시는 완전 총알

택시다.

유엔 병원, 규모가 꽤 큰 유엔군 막사들, 시설들이 보인다. 님바 지역으로 갈수록 산악 지대로 들어가 밀림 속을 계속 달려가는데 점점 도로 포장이 뜯긴 곳이 많아지고 비포장도로도 많아지면서 꽤 큰 도시인 간타에 도착하여서는 우리 둘만 남고 모두 내린다. 동행했던 경찰들도 내리면서 우리에게 사니켈리에서 아비장 가는 길은 문제없다고 하여서 한결 마음이 가벼워졌다. 고맙다고 인사까지 했다.

차에 우리 둘만 남았길래 모처럼 활개를 치고 목적지까지 가는 줄 알았는데 또다시 6명이 차야만 사니켈리로 출발한단다. 한낮이라 택시 바깥에 나가 있을 곳도 마땅치 않아 차에서 기다리는데 1시간쯤 지나니 조수석은 물론 운전석에도 두 명을 태워 8명이 5인승 차에 타고 그리고 많은 심으로 택시 안이 꽉 차서야 출발한다.

간타부터는 완전 비포장도로이고 점점 더 산속으로 들어간다. 오히려 잘 닦여진 비포장도로가 더 안전한 것 같다. 경찰이 내린 후로는 우리 차는 곳곳의 검문소에서 무사통과가 안 되고 검문을 받는다. 검문 때문에 택시 운전기사는 우리가 남한에서 왔다는 것을 알고 남한은 'Good'이라면서 친근감을 보인다.

사니켈리에 도착해서 운전기사는 우리에게 허허벌판에 담이 둘러쳐져 있는 공장 같아 보이는 건물로 가라고 하면서 그 건물이 우리가 묵을 숙소란다. 옛날에 광부들이 숙소로 사용하던 곳으로 지금은 게스트하우스로 변신시켰는데 자가발전기를 이용한 시설들이 그동안 이번에 다닌 각 나라의 수도에 있는 숙박시설 못지않게 괜찮았다. 이 숙소는 외진 곳에 있어 먹고 마시는 것을 이곳에서 모두 해결해야만 했다.

저녁 8시쯤 갑자기 천둥번개가 치고 소나기가 무섭게 쏟아진다. 내일 넘어야 할 국경까지 가는 도로가 매우 좋지 않다는데 여기서 발이 묶이는 게 아닌가 걱정된다. 2시간쯤 계속 천둥번개를 치더니 이제 비만 내린다. 열대 우기인가? 아침에는 비가 그쳐야 하는데… 비가 그쳐도 땅이 젖어 있으면 차량 통행이 불가능할 텐데, 이런저런 생각에 머리만 복잡해진다.

하쿠나 마타타.

2013년 3월 29일(금)

# 우여곡절 끝에 라이베리아 출국, 코트디부아르 입국

사니켈리 Sanniquellie 라이베리아 오전8:20 부시택시로 출발 ⋯→ 오전10:20-오후 12:25 로고아투오 Logoatuo 라이베리아 국경 ⋯→ 오후12:30~1:00 비박 Bivac 코트디부아르 국경에서 오토바이 ⋯→ 다나네 Danane 코트디부아르 오후3:00 도착

| 기간 | 도시명 | 숙소 | 숙박비 |
|---|---|---|---|
| 3/29 | 코트디부아르 - 다나네 | Grace Hotel | 12,000CFA |

| 교통편/이동경로 | 교통비(2인 기준) |
|---|---|
| 택시(라이베리아 사니켈리-라이베리아국경 로고아투오) | 49,500LD+12USD |
| 오토바이(코트디부아르국경 비박-코트디부아르국경도시 다나네) | 98,000CFA+20USD |

밤새 내리던 비가 아침에 뚝 그쳤다. 다행이라고 생각하면서도 국경까지 가는 길이 물이 차서 통과할 수 있을까 걱정이 된다. 숙소에서 아침밥으로 얍죽과 커피를 주는데 얍죽에 설탕을 넣은 건지 죽이 달다. 우리 숙소의 매니저가 옷을 한껏 모양 나게 입고 나오더니 고맙게도 우리를 국경까지 가는 택시 주차장까지 데려다 준단다.

비가 온 후라 아침 공기가 산뜻하다. 여기도 UN군 부대가 삼엄한 경비를 하고 있는데도 불구하고 배낭을 메고 걷는 발걸음이 가볍고 기분 좋다. 택시 주차장에서 택시 요금을 흥정을 하고 택시를 타고 가는데 비가 온 후라 흙먼지가 나지 않아 오히려 더 좋았다. 도로 상태가 좋지 않

은 곳이 많아 우리는 차에서 내렸다 타기도 하고 차가 웅덩이를 만나면 조수가 내려 얕은 곳으로 유도하면서 차가 빠지지 않고 물을 헤집고 나오는 것을 숨죽이면서 보고 안도하기도 하고. 이렇게 겨우겨우 차가 주저앉지 않고 온 것만도 다행이다.

님바 국립공원 산길을 가는데 국경 도착 40분 전쯤의 검문소에서 오늘부터 국경이 막혀 못 간다고 한다. 전혀 생각지도 않던 일이 생긴 것이다. 다시 돌아가서 기니 국경을 통과하고 그곳에서 코트디부아르로 가야만 한다고 해서 다시 돌아와도 좋으니 국경까지만 가게 해 달라고 사정을 하니 그때서야 보내준다.

다시 출발하여 20분쯤 지나니 아직 20분 더 가야 국경이 나온다는데 젊은 개인 환전상인들이 있다. 그들이 국경을 넘어갈 수 있다고 말해 우리는 희망을 갖고 국경에 도착하니 오늘 아침부터 국경이 폐쇄되어 통과할 수 없단다.

라이베리아와 코트디부아르 국경 사이에는 길이 100m정도도 안 되는 다리가 있는데 어떤 사람들은 왕래하고 있는데 우리를 포함한 몇 사람들은 통과를 못하고 쩔쩔매고 있다. 도대체 어찌된 영문인지를 모르겠다. 나는 배낭을 지키고 오샘과 운전기사가 라이베리아 출입국관리사무소로 들어갔는데 아무리 기다려도 나오질 않는다. 오샘과 같이 갔던 우리 운전기사가 오더니 이곳 국경이 닫혀 기니 국경으로 해서 가야만 한다고 한다. 지금까지 고생해서 타고 왔던 차가 뒤집어지거나 엔진 과열로 불이 나지 않은 것이 이상할 정도인 그 험한 길을 되돌아간다는 것 자체도 끔찍하고 기니 국경까지도 이런 길일 텐데 3시간을 더 돌아서 가야 한다니 진퇴양난이다. 난감하다. 기니 국경에 갔다고 국경을 넘어갈 수 있다는 보장도 없고 기니 국경의 군인들이 또 돈 밝힐 생각을 하니 기분 나쁘다.

주 코트디부아르 한국대사관에 긴급구조요청을 해야 하나? 나 혼자 별생각이 다 든다. 라이베리아와 코트디부아르 국경 중에서 이곳이 가장 안전하고 쉽다고 해서 심사숙고해서 이곳으로 온 것인데 큰일이다. 겉으로 보기에는 분위기가 이 국경에 아무 일 없는 것처럼 보이는데, 라이베리아 국경 쪽에는 높은 망루가 있어 경비원들이 감시를 하고 있다.

오샘이 출입국관리사무소에서 2시간 넘게 국경 수비대 경찰들을 설득하고 협상을 해서 대가를 지불하고 빼앗긴 여권을 돌려받을 수 있었다. 그제야 라이베리아 국경 경비원이 국경 문을 열어주어 다리를 건너는데 우리는 뒤도 안 돌아보고 머리털이 곤두서는 기분이 들며 저절로 걸음이 빨라진다.

드디어 코트디부아르 국경 안으로 들어왔다. 휴우~. 그런데 다리 건너자마자 즉 코트디부아르로 들어오자마자 어떤 남자가 오더니 여권을 보여 달라고 한다. 그 남자는 자기가 라이베리아의 국경 책임자인데 우리가 불법으로 국경을 넘었기 때문에 조사를 받아야 한다고 한다. 오샘이 길에서 여권을 보여 달라는 것은 인정할 수 없다고 하고 우리는 얼른 코트디부아르 출입국관리사무소로 들어갔다.

우리는 코트디부아르 출입국관리사무소 책임자에게 여권을 주고 그에게 이곳은 코트디부아르이기 때문에 라이베리아 국경 책임자는 관여할 수 없다는 것을 요청하고 코트디부아르의 보호를 받게 되었다. 천만다행으로 오샘의 신속하고 현명한 판단으로 코트디부아르 출입국관리사무소에 들어갔기 때문에 코트디부아르의 보호를 받을 수 있었던 것이다.

날씨는 무더운데 생각지도 않던 너무나 위험한 사건들이 계속 발생하여 사건 해결하느라 끼니도 걸러 오샘은 무척 피곤해 보인다.

아비장으로 가야할 버스를 타고자 하였으나 이곳에서는 버스는 없고 오토바이로만 갈 수 있다고 한다. 우리는 시에라리온 케네마에서 시에라리온 국경까지 너무나 험한 길을 마치 덤블링하듯이 흙먼지를 온통 뒤집어쓰고 4시간이나 오토바이 뒤에 타고 넘던 악몽이 되살아나 절대 오토바이로는 갈 수 없다고 했더니 그 방법 외에는 걸어서 5시간은 가야 한단다. 오토바이로 1시간 30분을 가야 국경 도시인 다나네에 갈 수 있다고 하니 어쩔 수 없이 또 오토바이를 타고 가야만 했다.

산길을 지나가다가 토착민들 3~4가구가 사는 마을의 어떤 집에 화장실을 사용하려고 갔더니 깨끗이 청소되어 있는 재래식 화장실의 문을 자물쇠로 잠그고 사용하고 있었다. 이런 산속 화장실에도 아무나(반군?) 들어와 숨어 있을까 봐 자물쇠를 잠그는지 그 이유를 잘 모르겠다.

검문소를 지날 때마다 계속 돈을 요구해서 오샘은 또 신경을 곤두세우면서 항의해 봤지만 어쩔 수 없이 돈을 줄 수밖에 없었다. 계속 가다가 어떤 아저씨를 만났는데 다나네에서 아비장 가는 버스는 내일 아침 7시에나 있단다. 어제들은 정보로는 오늘 저녁 7시에 버스가 있는 걸로 알고 있었는데, 우리가 잘못 들은 건가? 어찌 오늘 일들은 모두 엄청나게 틀어지는지 모르겠다. 다행히 오토바이 운전기사들이 소개해 준 숙소는 아담하고 주변도 조용하다.

우리는 아침에 죽을 먹고 나와 점심도 거른 채 지금까지 긴장하면서 정신없이 보내서인지 오토바이 운전기사들이 데려간 식당에서 점심을 먹는데 밥이 먹히지 않는다.

오토바이 운전기사들이 버스터미널에 데려다 주어 내일 아비장에 갈 버스표를 사고 오늘 저녁, 내일 아침거리와 물을 사기 위해 슈퍼마켓에 갔는데 조용하고 작은 국경 도시인데 비해 꽤 규모가 있다. 시장도 북적

이고 활기 있다. 그런데 오늘 생각지도 않게 너무 엄청난 일들이 계속 일어나는 바람에 오샘은 정신이 없어 혼미해져 오토바이 운전기사들에게 20USD에 해당하는 현지화를 주어야 하는데 200USD에 해당하는 현지화를 준 것이다. 어쩐지 오토바이 운전기사들이 다나네에 도착해서부터 한낮 더운데도 불구하고 친절하게 점심식사부터 숙소에 들어올 때까지 동행하고 또 내일 아침 우리 숙소로 와서 버스 정류장까지 픽업해주겠다고 해서 우리에게 친절하게 해준다고 생각했는데 다 이유가 있었던 것이었다.

험한 라이베리아 국경도로를 택시로 힘들게 지나오고 이어서 여권을 압수당해 어렵게 해결해서 겨우 라이베리아국경을 넘어 코트디부아르로 들어와 한숨 돌리는가 했는데 검문소마다 돈을 요구하는 짜증스러운 일들이 연속되니 계속 뜯기는 돈 단위를 밀(1,000)을 디밀(10,000)로 착오하여 계산하였던 것이었다. 이미 돈이 그들에게 넘어갔으니 받아낼 방도는 없고 우리는 속상하고 어이없고 너무 억울한 생각만 들지만 그래도 우여곡절 끝에 라이베리아 국경을 오늘 넘어왔다는 것이 천만다행이다. 정말 구사일생이고 오샘이 역전의 용사 이상의 큰일을 해낸 것이다.

라이베리아 반군들이 국경을 드나들며 일을 저지르는데 특히 현지인들보다 외국인을 인질로 잡아 죽이는 경우가 많다는 것이다. 그래서 이번에도 오늘부터 일주일간 국경 문을 닫는다는 것이다.

우리가 다나네에서 아비장을 가려면 반군들이 있는 위험지역인 멍(Man)을 지나가야 하기 때문에 오토바이 운전기사들에게 그곳 상황은 어떤지 물어보니 라이베리아 국경지대만 위험하고 멍 지역은 평정되어 안전하다고 한다. 라이베리아의 곳곳에 UN군이 주둔하는 것이 국경지

내와 국경에서 넝까시의 치안이 아직 불안하기 때문인 것 같다. 그래도 내일 코트디부아르의 멍을 벗어날 때까지는 안심이 안 된다.

오늘도 평생 두고두고 할 이야깃거리를 경험한 잊지 못할 날이다.

---

2013년 3월 30일(토)

## 친절한 한국인 민박집

다나네Danane, 코트디부아르 오전8:00 시외버스로 출발 ···› 오후2:30~3:10 야무수크로Yamoussoukro ···› 아비장Abijang, 코트디부아르 오후7:20 도착

| 기간 | 도시명 | 숙소 | 숙박비 |
|---|---|---|---|
| 3/30 - 31 | 코트디부아르 - 아비장 | Hotel HORIZON | 80,000CFA |

| 교통편/이동경로 | 교통비(2인 기준) |
|---|---|
| 시외버스(코트디부아르 다나네-코트디부아르 아비장) | 16,000CFA |

아침 6시에 오토바이를 오라고 했는데 6시 10분쯤 되니 어둠을 뚫고 오토바이 소리가 들려온다. 어제 약속은 했지만 혹시나 했는데 안심이 된다. 거리도, 북적이던 시장도, 버스 주차장도 조용하다. 버스는 생각보다 작다. 버스에는 승객을 모든 좌석에 채우고 가운데 복도에 빽빽이 놓인 보조석까지 모두 채우고 닭도 있고 짐을 지붕 위에 가득 싣는다. 짐

싣는 데만 1시간이 걸리고 8시 되어서야 출발한다.

도로상태는 꽤 좋은 편이다. 다나네에서 야무수크로를 거쳐 아비장까지 약 600km 거리를 달리는 동안 약간의 구릉을 지나기도 하면서 열대우림 사이로 우리 버스는 계속 달린다. 주위가 온통 녹색이다. 기름지고 풍요로워 보이는 풍경이다.

새로운 수도 야무수크로의 한쪽 허허벌판에 외딴섬처럼 보이는 세계에서 가장 크고 바티간의 성 베드로 성당을 그대로 모방하였다는 카톨릭 성당이 눈에 들어온다. 주변과 너무 조화가 안 된다. 그 옆쪽으로는 의사당인지 커다란 하얀 건물이 있고 연꽃이 한창 만발한 작은 호수도 있는 코트디부아르의 수도 야무수크로를 지난 후 아비장으로 가는 고속도로는 공사 중이라 폐쇄되어 구도로로 가는데 화물차들이 많아 버스가 속도를 내지 못한다. 서아프리카에 와서 이 도로에서 화물차가 달리는 것을 가장 많이 보니 그만큼 물동량이 많은 것 같고 코트디부아르의 경제가 활성화된 편이 아닌가 하는 생각이 든다.

아비장 110km 전부터 고속도로에 진입하게 되니 버스는 거침없이 달려 오후 7시가 되어서야 아비장에 도착했다. 다나네에서 아비장까지 8시간 걸린다고 했는데 11시간이나 걸려 오면서 오후 내내 버스에 강한 햇빛이 비치니 우리들은 파김치가 되었다. 새벽에 아침 먹고 6시에 나와 13시간을 길에서 살았으니 계속되는 여정에 피곤할 만도 하다.

다음 여정에 관한 정보를 좀 더 상세히 얻을 수 있을까 하고 그나마 어렵게 찾아간 한국인이 하는 민박집에 방이 없단다. 다행히 늦은 시간에 갑자기 찾아간 생면부지인 우리에게 저녁밥을 차려주셔서 피곤한데도 불구하고 오랜만에 맛있게 된장찌개를 먹었다. 귀찮으실 텐데 늦은 시간에 낯선 객에게 따뜻한 밥을 주신 사모님 대단히 고맙습니다! 밥을 먹고 나니 숙소가 걱정되었는데 사장님께서는 어두운 밤인데도 불구하고 깨끗한 숙소를 알아봐 주시고 숙소까지 데려다 주셔서 우리는 오늘의 하루를 무사히 마치고 피로를 풀 수 있었다. 민박집 사장님 부부께 진심으로 감사드립니다.

2013년 3월 31일(일)

## 아비장 시내 관광

우리 숙소는 중국인이 경영하는 호텔인데 아침 뷔페가 푸짐하고 우리의 입맛에 맞는 음식들이 많아 어제, 그저께 이틀 제대로 먹지 못한 한을 풀었다. 아크라로 가기 위한 STC 버스표를 구입하러 택시를 타고 갔는데 택시 운전기사가 믿을만해 보여 숙소로 돌아올 때까지 시내 관광도 겸하면서 같이 다니기로 했다. STC 버스표를 구입하는데 가나 비자를 요구한다. 가나 비자를 라이베리아에서 미리 발급받은 것이 다행이다. 버스표를 구입하고 나서 서아프리카의 파리라고 불리는 아비장의 중심지인 르 플라토 지구를 둘러보았다. 마치 한강다리를 건너고 올림픽대로를 달리는 듯한 풍경이다. 일요일이어서 그런지 교통량이 적어 넓은 도로와 푸르름이 넘치는 가로수와 함께 여유로운 드라이브를 즐긴다. 배구를 좋아하는 사람들이 많은지 배구 경기장이 꽤 크다. 붉은색의 우체국만 보다가 연두색을 한 아비장의 우체국을 보니 새롭다. 외형이 특이한 대성당 안쪽 벽을 돌아가며 꽉 채운 스테인드글라스는 화려하면서도 커다란 성당 안을 더욱 경건하게 보이게 한다.

아비장은 여기가 아프리카인가 할 정도로 지금까지 보아왔던 서아프리카의 다른 나라의 수도들보다 깨끗하고 걸인들도 적고 많은 고층 빌딩들, 고가 도로 등 선진국에 와 있는 것 같다. 이탈리아 건축가가 획기적인 발상으로 지었다는 건물 라 피라미드가 있는 거리도 운치가 있다.

슈퍼마켓에 들렀다가 숙소가 있는 콜로디 거리로 들어오니 넓은 도로

SAMSU

를 끼고 식민지풍의 단독 주택들이 한결 도시 분위기를 고급스럽고 안정감 있게 보이게 한다. 모처럼 오후에 숙소에서 여유 있게 보냈다.

내일이 오샘 생일인데 앞으로 일정이 예측불가여서 생일 기념으로 미리 오늘 저녁 한식을 먹기로 하고 어제 갔었던 민박집에 갔다. 벌써 그 집에서 지내고 있는 해외 주재 회사원들이 모여 불고기 파티를 하고 있는 것이다. 염치없게도 생각지도 않은 오샘 생일 파티가 된 것이다. 즐거운 분위기에서 여럿이 이야기꽃을 피우며 모처럼 쌈과 불고기 등을 맛있게 먹으면서 흐뭇한 저녁을 보냈다.

---

2013년 4월 1일(월)

## 아름다운 해안도로를 따라 가는 여정

아비장Abijang, 코트디부아르 오전9:00 STC버스 출발 ···› 네오Neo 코트디부아르 국경 12:00 도착 ···› 오후1:40 출발 에루보Elubo 가나 국경 ···› 세콘디코라리 ···› 아크라Accra 가나 오후9:30 도착

| 기간 | 도시명 | 숙소 | 숙박비 |
|---|---|---|---|
| 4/1 | 가나 – 아크라 | New Haben Hotel | 60Cd |

| 교통편/이동경로 | 교통비(2인 기준) |
|---|---|
| STC버스(코트디부아르 아비장–가나 아크라) | 40,000CFA |

오늘 아크라까지 11시간 버스를 타고 가야 하는 긴 여정이다. 11시간이라고 했지만 그동안 경험에 의하면 여러 변수가 있어 실제는 13~14시간 잡아야 할 것이다. 월요일인데도 부활절 공휴일이라 다행히 교통 체증이 없어 제시간에 STC버스 터미널에 갈 수 있었다.

버스가 오전 9:00 출발인데 7시까지 오라고 한다. 우리는 7시 30분까지 갔는데도 별문제 없었다. 각자 짐 무게를 달고 나서 짐표를 사고 버스에 짐을 싣고 비자 확인하고 휴대용 가방 검사까지 시간이 오래 걸리기 때문에 일찍 오라는 것이다. 서아프리카의 세네갈에서 출발하여 코트디부아르의 아비장까지는 대서양 해변을 거쳐 가려면 늪지이기 때문에 길이 없고 내륙의 산악지대를 거쳐야만 갈 수 있다. 그런데 앞으로 코트디부아르 아비장부터 가나, 토고, 베냉까지는 해안도로를 따라갈 수 있어 아름다운 풍경을 만날 기대감에 저절로 기분이 좋아진다. 해안도로변에 야자수가 펼쳐지고 대서양 해안과 어우러진 아름다운 풍경은 이곳이 열대지역임을 느끼게 한다.

그동안 비좁게 부시택시를 타고, 오토바이를 위험하게 타고 국경을 넘었는데 좌석버스를 타고 가니 한결 편안하고 여유로운 여행을 하고 있다. 공휴일이어서 그런지 비치 입구에는 돗자리, 먹을 것 등을 들고 놀러 온 가족 단위의 사람들이 줄지어 입장을 기다리고 있는 정겨운 광경이 보인다. 내륙 쪽으로 들어갔다가 해안도로로 다시 나오는데 야자수농장, 바나나농장, 야채밭 등이 풍요로움을 드러낸다. 국경을 넘는데도 그동안 지나 온 나라들보다 검문이 훨씬 부드럽고 여유 있다. 가나로 들어오니 해안을 따라 발달한 도시들이 그동안 보았던 나라들의 수도보다도 더 깨끗하고 부유하게 보인다. 집들도 크고 깨끗하고 주 간선도로뿐만 아니라 이면도로도 아스팔트로 포장되어있고 호텔이나 게스트하우스도 많고 번듯번듯하다. 가나에 들어오면서부터는 검문이 없다.

안코브라 비치 등 몇 군데 해변에서는 축제가 있는지 어두운 밤인데 사람들과 차량들로 붐비고 있다. 왕래하는 화물차, 일반 차량들도 많고

Melcom

규모가 꽤 커 보이는 공장도 가끔씩 보인다. 점점 많은 불빛이 반짝반짝 밤을 밝히는 걸 보니 아크라에 가까이 온 것 같다. 오늘도 예상보다 1시간 30분이나 늦은 밤 9시 30분에 도착하여 길에서 14시간을 보낸 것이다. 숙소에 가니 바로 옆에 있는 발전기에서 뿜어져 나오는 윙윙 소리가 들리고 화장실이 따로 있는 방 1개만 있는데 그나마 오늘만 묵을 수 있단다. 너무 늦은 시간이라 다른 곳으로 갈 엄두가 나질 않아 그대로 있기로 했다. 발전기 소리가 시끄러운데도 언제 잠들었는지 모른다.

---

2013년 4월 2일(화)

## 아크라 시내 관광

| 기간 | 도시명 | 숙소 | 숙박비 |
|---|---|---|---|
| 4/2 | 가나 – 아크라 | New Haben Hotel | 40Cd |

방 때문에 오전 11시까지 기다리다 12시 이후에나 다른 방으로 옮기기로 하고 해안 쪽에 있는 오수 캐슬로 향해 출발했다. 어젯밤에 숙소에 올 때는 몰랐는데 큰 거리로 나오니 빌딩도, 차량도 많고 양복차림의 바쁜 걸음도 많고 활기찬 분위기이다. 수도 중심지이어서인지 우리가 선입견으로 갖고 있는 궁핍한 아프리카 모습이 아니다. 환전소에서 환전을

한 후 오수 캐슬로 향했다.

아크라에 1650년~1680년 사이 덴마크가 크리스티안스보르성, 네델란드가 크레베코와르 요새, 영국이 제임스 요새를 세워 무역 중심지로 번성했었는데 그중 오수 캐슬이라고도 불리는 오수에 있는 크리스티안스보르 성으로 갔다. 넓고 푸르른 대서양이 캐슬 너머로 보인다. 그런데 군사지역인지 입장도, 사진촬영도 못하게 하고 경비가 삼엄하다. 헛걸음하니 허전하다.

택시를 타고 가이드북에 해안가의 경치 좋은 곳에 맛있는 요리를 파는 식당이 있다고 하여 찾아갔는데 개점휴업상태다. 숙소로 돌아와서 가까이에 있는 호텔 식당으로 갔는데 늦은 점심시간인데도 손님들이 꽤 있다. 종업원들은 친절한데 점심을 주문하고 거의 1시간 반이 지나서야 음식이 나오고 식대를 계산하러 올 생각을 안 하고 부지하세월이다.

숙소의 뜰은 고목 아래 그늘이 있어 시원하고 괜찮은데 새로 이동한 방도 신통치 않고 가나에서 특별히 할 일이 없을 뿐만 아니라 다음 일정이 어떻게 될지 몰라 우리는 내일 토고의 로메로 들어가기로 했다. 로메가는 버스표를 구입하러 로메행 STC버스 터미널로 가는데 오후 4시경인데 시내 대로에서는 교통 정체가 아주 심하다. 주택가를 지나기도 하고 가로수가 있는 아늑한 거리를 지나기도 하고 오랜 고풍스러운 건물이 눈에 띄기도 한다. 역시 이 지역도 많은 차량, 많은 사람들로 거리가 북적이고 터미널 주변은 행상, 노점, 인파로 매우 혼잡하다.

인심 좋은 이웃 아저씨 같은 버스터미널의 매니저는 표는 주지 않고 내일 아침 6시 반까지 터미널로 나오란다. 내일도 새벽밥 먹고 출발해야 한다. 내일은 또 예정보다 얼마나 오래 걸릴까? 이번에 서아프리카에 와서는 부시택시는 정원이 모두 차야 출발하기 때문에 출발시간을 예측 못하고 버스는 도로 사정, 수시 정차 등 여러 변수로 도착시간을 예측하지 못한다.

2013년 4월 3일(수)

# 과유불급過猶不及

아크라가나 오전6:45 STC버스 출발 ··· 아카트시Akatsi ··· 오전10:20 도착 아후라오Aflao, 가나 국경 ··· 오전11:50 출발 토고 국경가나 쪽 ··· 오후12:40 토고-베냉 국경 ··· 오후2:10 출발 베냉-토고 국경 ··· 로메토고 오후3:00 도착

| 기간 | 도시명 | 숙소 | 숙박비 |
|---|---|---|---|
| 4/3 | 토고 - 로메 | Hotel Equateur | 46,000CFA |

| 교통편/이동경로 | 교통비(2인 기준) |
|---|---|
| STC버스(가나 아크라-가나국경 아후라오) | 22Cd |
| 택시(가나 아후라오-토고국경-베냉국경) | 45,000CFA |
| 부시택시(베냉국경-토고 로메) | 2,000CFA |

오늘도 새벽 5시 아침밥을 먹고 아침 6시 반까지 로메행 STC버스 터미널로 갔다. 이른 새벽부터 우리가 줄 서서 표를 사야 하는 건데 어제 만났던 STC 매니저는 우리 버스표를 좌석 1, 2번으로 확보해 놓고 기다리고 있었다. 생면부지의 외국인에게 이런 배려를 해 주시다니 매우 친절하고 고마운 분이다. 매니저님! 대단히 감사합니다.

그동안 경험으로 6시 반까지 오라는 걸 보니 9시쯤 출발할 것으로 생각했는데 터미널에 가보니 벌써 버스에는 승객이 다 차 있고 우리가 오기를 기다렸다가 6시 45분쯤에 버스가 출발한다. 그동안 서아프리카 여행에서 기다리지 않고 출발한 것은 이번이 처음이다.

아크라는 매우 안정되고 활기찬 도시이다. 그 시간에 벌써 도시가 살아 움직이고 아늑한 도시 분위기를 연출하는 오래된 가로수 고목들이 늘어선 널찍한 도로, 출근하는 사람들의 바쁜 걸음, 시내로 향하는 많은 출근 차량들로 벌써 교통 정체가 심하다. 버스가 출발하고 1시간이 지나도록 시내 쪽으로 향하는 출근 차들이 길게 늘어서 있는데 자가용들이 고급스럽고 깨끗하다. 아크라 외곽 쪽에 고급주택들이 많다. 이런 고급주택에 사는 사람들이 아크라 시내로 향해 출근하는 사람들일 것 같다. 도로 상태도 매우 좋고 서아프리카에서 에어컨 버스에 문을 닫고 다니는 버스를 타니 모처럼 먼지도 뒤집어쓰지 않고 깨끗하고 편하게 간다.

가나를 지나 토고에 들어서서는 해안도로로 계속해서 달리는데 토고는 가나처럼 해안을 따라 도시가 발달되어 있지 않지만 위로 솟은 야자

수가 푸른 대서양과 어우러져 한층 열대풍의 분위기를 풍긴다. 가이드북에서 토고, 베냉 모두 국경 비자가 가능하다고 되어있어 오샘은 가나와 토고 국경에 오전 10시 반쯤 도착하게 되니까 오늘 중에 베냉까지 무리 없이 갈 수 있겠다고 생각하고 여러 번 택시를 옮겨 타느니 토고 국경에서 비자를 받은 후 한 번에 택시로 베냉의 코토누로 들어가자고 한다.

가나 국경 아후라오에 버스가 도착하니 부시택시 운전기사들이 다가온다. 토고를 거쳐 베냉 코토누까지 간다는 택시 운전기사와 택시요금을 45,000CFA로 합의했다. 합승해야 하는데 우리 2명만 타고 가니 비싸다. 그래도 오늘 중에 베냉까지 들어가면 중간에 숙박할 필요 없고 고생도 덜하고 여정이 훨씬 여유로워진다. 토고의 로메를 지나 한껏 대서양을 감상하며 토고와 베냉 국경에 도착하였다.

토고 국경을 쉽게 통과한 후 베냉 국경에 가니 국경 비자가 되지 않는단다. 우리는 순간 멍해졌다. 비자는 로메에 있는 베냉 대사관에서 받아야 한다는 것이다. 분명히 가이드북에서는 국경 비자가 가능하다고 쓰여 있는데 잘못된 것이었다.

우리 배낭들은 이미 택시에 실린 채 운전기사와 함께 베냉 국경을 넘어가 있어 난감하다. 베냉 국경 경찰에게 사정하여 국경 경찰과 함께 베냉 국경을 지나 베냉으로 넘어가서 배낭을 찾아 이미 지불한 택시비는 돌려받지 못하고 가까스로 베냉을 벗어나 다시 토고 국경으로 넘어왔다.

베냉과 토고 국경 경찰들은 이 모든 과정에서 전혀 우리에게 부담을 주지 않고 도와주고 있었다. 그동안 다닌 서아프리카의 다른 나라들과 완전히 비교가 되었다. 아마 지금까지 지나온 나라에서 이런 일이 생겼으면 배낭을 찾지도 못하고 우리에게 돈을 요구하였을 것이다. 토고 국경에서 다시 로메로 오기 위하여 부시택시를 탔는데 6명을 태우고 1인당 1,000CFA씩 받는다.

로메에 도착해서 숙소로 가는데 또 오토바이로 가야 한단다. 오토바이를 5분 정도밖에 타지 않았는데 1인당 1,000CFA씩 받는다. 도대체 교통요금 계산이 어떻게 되는지 모르겠다.

한낮 한창 뜨거운 햇볕이 내리쬐는 시간인 12시 반에서 2시까지 신경을 쓰면서 배낭 메고 토고와 베냉 국경을 왔다 갔다 하면서 동분서주했더니 땀으로 목욕하고 그 상태로 숙소에 도착하니 꼼짝하기 싫었지만 바로 누우면 안 될 것 같아 오후 3시인데도 불구하고 숙소 옥상에 있는 식당에 가서 점심 겸 저녁을 먹고 왔다.

오샘이 한바탕 큰 빨래를 해 주어서 그나마 좀 수월했다. 오늘 로메로 바로 왔었다면 고생하지도 않고 저렴하고 부드러운 여행 일정이었을 텐데 예상보다 토고에 일찍 도착하는 바람에 욕심을 부려 택시비도 거의 100USD나 날리고 점심도 거르고 오늘 일정이 엉망이 되었다. 그렇지만 베냉 비자발급에 대한 잘못된 정보 때문에 나중에라도 우왕좌왕했을 것이다. 이번 여행에서는 돌발사건이 자주 일어나는데, 여행이란 항상 돌발변수가 있게 마련이다. 이런 돌발변수를 해결하는 과정에서 예기치 못한 만남도, 새로운 경험도 할 수 있는 것이 배낭여행의 즐거움이 아닌가?

2013년 4월 4일(목)

## 로메 시내 관광

숙소 위층에 에콰도르풍으로 꾸며 놓은 예쁜 식당에서 여유로운 아침 식사를 하고 베냉 비자가 오늘 하루 만에 나오면 좋겠는데 하는 마음으로 베냉 대사관으로 갔다. 들어가는 입구부터 사무실까지 철통같은 경비를 하고 있다. 인터뷰를 끝낸 영사가 비자는 내일 나온다고 해서 우리는 내일 아침에 베냉으로 들어갈 예정이라고 사정을 하였더니 오늘 오후에 오라고 한다. 어제 일을 생각하면 오늘은 순조롭게 풀리는 것 같다.

그랑 마쉐 쪽으로 가서 개인 환전상에게 환전을 하고 시장을 둘러보는데 상품들도 많고 활기가 넘친다. 복잡한 그랑 마쉐 바로 옆에 있는 예쁘고 아담한 대성당 안에는 파이프 오르간도 있고 성당 밖 혼잡한 시장 분위기와는 전혀 다르게 많은 신도들이 고요한 가운데 간절히 기도를 드리고 있다. 식당을 찾다가 슈퍼마켓에서 3끼 먹을 음식거리를 준비해왔다. 오후 2시 20분쯤 선약했던 택시 운전기사가 어김없이 왔다. 영사관에 가니 밖에서 3시까지 기다리란다. 3시쯤 되니 비자 발급을 받으려는 사람들이 꽤 많이 모여들기 시작한다. 우리 차례가 되었는데 영사는 어제 신청분을 다 처리한 후 해 주겠다며 기다리든지 내일 10시에 오라고 한다. 오샘은 기다리기 힘든지 내일 다시 찾는다며 숙소로 돌아왔다. 택시 운전기사는 무려 30분이나 기다렸는데도 택시비도 더 요구하지 않고 오히려 우리가 비자를 발급 받지 못한 것을 걱정해준다.

어제, 오늘, 국경에서도 그렇고 오가는 사람들, 택시 운전기사 등 접해

본 모든 사람들의 인상이 온순해 보인다. 시에라리온, 라이베리아에서는 거리를 지나다닐 때 사람들의 눈빛이 날카롭고 인상이 좋지 않았었는데. 어쨌든 우리가 순리대로 안하고 무리한 요구를 했지만, 오늘도 오샘은 실망한 채로 숙소로 돌아와야만 했다. 로마에 가면 로마법을 따라야지. 서두르지 말고 여유롭게 다니라는 메시지인 것 같다. 덕분에 내일은 느긋하게 시작해야겠다.

2013년 4월 5일(금)

# 선진국 도시 같은 코토누

[ 로메토고 오전11:00 부시택시로 출발 ··· 코토누베냉 오후5:00 도착 ]

| 기간 | 도시명 | 숙소 | 숙박비 |
|---|---|---|---|
| 4/5 | 베냉 - 코토누 | Chez Clarisse | 32,500CFA |

| 교통편/이동경로 | 교통비(2인 기준) |
|---|---|
| 부시택시(토고 로메-베냉 코토누) | 10,000CFA |

오샘이 베냉 비자 발급이 늦어졌으니 베냉의 아보메이를 먼저 갔다가 코토누로 가고 다음에 토고로 다시 돌아오는 것이 좋을 것 같다고 하면서 로메에서 아보메이로 가는 길을 가이드북과 숙소 매니저를 통하여 미리 알아 놓았다. 아보메이로 가는 부시택시 타는 곳이 어제 갔었던 그랑 마쉐 안에 있다.

이해가 안 되는 것이 그랑 마쉐는 우리의 남대문 시장, 동대문 시장처럼 복잡한 큰 시장인데 부시택시가 시장의 점포 앞 좁은 골목 양옆으로 주욱 늘어서서 손님들을 유치해 태운다. 한 줄로 늘어선 부시택시 사이로 오가는 다른 차량들, 행상들, 손님들로 혼잡하다. 사고가 없는 것이 이상할 정도다. 이렇게 해야 할 정도로 주차할 공간이 없는 것인가?

생각보다 빨리 20분 만에 손님이 채워져 출발하는데 가면서 왜 그렇게 들리는 곳이 많은지 모르겠다. 그런데 아보메이로 간다는 차가 우리

가 갔었던 베냉의 코토누 방향으로 간다. 분명히 아보메이로 간다고 해서 탔는데 이 차는 코토누로 간다면서 아보메이는 코토누에서 1시간만 가면 된다고 한다. 가이드북에는 3시간 걸린다고 되어 있는데. 어찌할 꼬! 코토누로 갔다가 아보메이로 가는 수밖에 없는 것이다.

여자 손님 두 사람이 서로 아는 사이인지 앞뒤로 따로 앉아가면서 쉬지 않고 열심히 떠들어댄다. 우리가 부탁하지도 않았는데 그 여자 손님들은 토고 국경 입구에 있는 부시택시 주차장에서부터 토고 국경을 거쳐 베냉 국경, 베냉에 입국하여 우리가 타고 온 부시택시가 기다리고 있는 곳까지 우리를 인도해 주는 것이다. 국경을 지나는데 그들이 노점에서 훈제 고기를 사 먹으니 우리도 따라 사 먹으면서 간단히 요기를 했다. 우리는 고마워서 그들의 짐을 들어주었다.

베냉에 들어서서 얼마 지나지 않아 도로 포장 공사하려고 준비 중인지 비포장도로가 시작되어 코토누 입구까지 계속되는데 시뻘건 흙먼지를 완전히 뒤집어쓰면서 가니 덥긴 하고 꼼짝 않고 앉아서 가는데 보통 괴로운 일이 아니다. 오샘은 엉덩이가 아파 계속 힘들어한다. 이런 와중에도 두 여자는 손짓까지 하면서 계속 떠들며 가니 기운도 좋다.

코토누 가까이 포장된 도로에 들어서더니 얼마 안 가서 차를 세우고 택시 운전기사는 우리에게 물어보지도 않고 오토바이 택시를 잡아준다. 이곳은 택시보다 조끼를 입은 운전기사가 운전하는 정식 허가를 받은 오토바이(모토택시)가 주 교통수단이다. 모토택시는 아보메이행 부시택시 주차장에 우리를 내려놓는다. 우리가 토고에서 출발할 때 아보메이에 간다고 했더니 택시 운전기사는 나름대로 이런 친절을 베푼 것이다. 우리는 생각지도 않게 코토누에 먼저 오게 되었고 오는 길에 비포장도로에서 먼지를 잔뜩 뒤집어쓴 채 오후 3시 20분 베냉 시간으로는 4시 20분에 도착하게 되어 무리하게 오늘 아보메이로 가지 않기로 하고 여유롭게 이곳 코토누에서 자고 내일 가기로 했다. 다시 모토택시로 코토누의 숙소로 가는데 건물도, 가로수가 늘어선 거리도 깨끗하고 활기찬 분위기이다.

코토누가 옛 다호메의 수도였지만 그 후 1890년부터 1960년까지 프랑스령이었어서 프랑스식으로 건설된 도시인 것 같다. 베냉의 헌법상 수도는 포르토노보인데 국회의사당, 대법원, 국영 라디오방송국 등 주요기관이 이곳에 있고 항구도시여서 코토누가 실제 베냉의 행정 중심지, 경제 중심지 역할을 한다더니 과연 코토누는 국경에서 이곳까지 오는 동안의 도로변의 풍경과는 다르다.

집들이 규모도 크고 부촌인 것 같은 동네에 있는 숙소는 나름대로 시설이 잘 되어있고 자그마한 풀장도 있고 방도 널찍하면서 깨끗하고 좋다. 더워서 그대로 물속에 뛰어들고 싶다. 점심도 거른 상태인데 숙소의 식당은 음료만 판단다. 가까운 곳에 중국 음식점이 있다고 해서 갔더니 태국 음식점인데 오후 7시에 연다고 한다. 예쁘고 아늑한 분위기가 피로를 잊게 하는 태국 음식점에서 모처럼 우아하게 점심 겸 저녁식사를 맛있게 먹었다. 오늘도 우리에게 예상치 못한 일들이 벌어진 하루였다. 빨리 잠이나 자야겠다.

2013년 4월 6일(토)

## 유네스코 세계문화유산 아보메이 왕궁 관람

[ 코토누베냉 오전8:40 부시택시로 출발 ··· 아보메이베냉 오후12:10 도착 ]

| 기간 | 도시명 | 숙소 | 숙박비 |
| --- | --- | --- | --- |
| 4/6 | 베냉 - 아보메이 | Chez Monique | 8,000CFA |

| 교통편/이동경로 | 교통비(2인 기준) |
| --- | --- |
| 부시택시(베냉 코토누-베냉 아보메이) | 6,000CFA |

아보메이로 떠나기 전 코토누 시내를 둘러보기 위해 시내 쪽으로 갔는데 토요일이라 모토 택시들만 간간이 보이고 거리가 조용하다. 모토택

시로 부시택시 주차장에 가니 이른 아침인데도 이곳은 부산하다. 역시 승객 6명과 짐을 가득 실은 부시택시의 거구인 운전기사의 운전 솜씨는 가히 국보급이라 할 정도다. 아스팔트가 거의 꺼져 있어 울퉁불퉁하고 화물차 통행량이 엄청 많은 아보메이로 가는 도로에서 자동차들은 추

월하며 서로 곡예 하듯 뒤엉켜 아슬아슬하게 사고 없이 운전한다. 많은 화물차, 택시, 오토바이, 승용차들이 양방향에서 이동하는데 차선은 염두에 둘 수도 없는 불량한 도로를 요리조리 피하며 가는 우리 차를 우리는 긴장된 마음으로 보면서 좁게 확보한 자리를 그나마 애써 유지하면서 가자니 온몸이 더위와 흙먼지와 땀으로 뒤범벅이 되었다.

택시가 좁을 정도로 체격이 좋은 운전기사는 쉴 새 없이 3시간 반을 곡예 운전을 하면서도 지치지도 않은 밝은 표정으로 우리를 숙소까지 데려다주고 간다. 참 세상 구석구석에는 이렇게 자기 일에 최선을 다하는 선한 사람들이 살고 있구나 하는 생각이 든다.

어제 여자 손님들이 코토누에서 아보메이까지 1시간이면 간다고 말했는데 그 말만 믿고 어제 코토누에서 계속 아보메이로 갔었다면 정말로 몸살 났을 것 같다. 한낮인 12시쯤 우리는 온통 흙먼지와 땀으로 뒤범벅이 된 상태로 도착했는데 숙소의 정원은 조각품들, 정자 등으로 잘 가꾸어져 있지만, 방은 창문도 없고 화장실은 전깃불도 없이 컴컴하고 너무 어설프다. 그래도 씻고 나니 정신이 들어 숙소의 식당에서 점심을 먹을 수 있었다.

모토택시로 숙소 주인이 소개한 아보메이 왕궁에 갔다. 아보메이 왕궁은 1625년부터 1892년 프랑스가 점령할 때까지 존재했던 베냉인민공화국 이전의 다호메이 왕국 12명의 왕궁이다. 프랑스 점령에 항거해 마지막 왕인 '베한진'은 궁전을 포함해 도시를 태우라고 명령했는데 그때 게조왕과 글렐레왕의 궁전과 800명의 여인이 거주했던 하렘, 행사용 방, 부두교 유물 등이 남았다고 한다. 현재 게조왕과 글렐레왕의 궁전은 역사박물관으로 사용되고 있다. 역사박물관은 가이드 인솔로 관람해야 하는데 가이드가 우리는 단체 손님과 한 팀을 만들어 안내를 한다.

다호메이 왕국이 세워지기까지 전쟁 때 사용한 무기, 용맹한 군대의 깃발, 나무를 조각해 만든 왕좌들, 왕실의 생활용품들을 전시해 놓았다. 외벽마다 왕을 상징하는 새와 사자 등의 동물, 다호메이 왕국을 세운 부족인 폰족의 풍습, 생활, 복장, 부두교 의식, 용맹한 군대의 승리 등을 잘 표현해 놓은 얕은 부조 새김은 왕궁의 장식 기능뿐만 아니라 기록 역할을 할 만큼 색채도 선명하고 원형 그대로 뚜렷하게 남아있었다. 12왕의 왕궁은 점토로 된 높이 6m, 길이 4km 외벽으로 둘러싸여 있고 40만㎢이란다. 각 궁전들은 담으로 둘러싸이고 바깥뜰, 안뜰, 개인뜰 이렇게 3개의 뜰로 된 같은 구조이다. 왕국을 둘러보는데 마치 우리의 경복궁이나 창경궁 궁내를 돌아가며 둘러보는 기분이다.

가이드의 안내에 따라 1시간 정도 관람하는데 날씨가 너무 더워 땀범벅이 되었다. 오는 길에 시장에 들러 저녁거리로 빵과 바나나를 사서 숙소로 돌아와 샤워를 하고 나니 저절로 잠이 온다. 방에는 창문이 없어 답답하고 더워서 저녁 먹자마자 정원에 나가 나무 그늘 벤치에 앉아있으니 한결 시원하다.

아보메이에서 토호운을 거쳐 로메로 가는 교통편은 택시를 이용하라고 해서 숙소 주인의 소개로 내일 타고 갈 택시를 40,000CFA에 예약했는데 꽤 비싼 것을 보니 거리가 멀거나 도로 상태가 좋지 않을 것 같다. 도로 상태가 약간 안 좋다고는 하는데 이곳 사람들 말을 어디까지 믿어야 할지 모르겠다. 어제오늘 도로 상태가 너무 좋지 않아 고생했는데 내일은 제발 좋았으면 좋겠다. 현지인들은 포개 앉아야 할 정도로 여러 명이 많은 짐과 함께 좁은 택시를 타는 일상, 이런 불량한 도로를 안전벨

vous
strer

트 없이 달리는 것, 차선은 있으나 마나 한 운행 질서 등이 당연하다는 듯이 아무런 거부감 없이 여유 있는 표정들이다. 우리만이 이런 모든 상황들이 새로운 현실로 느껴져 현실에 적응하느라 매사가 이야깃거리가 되고 있다. 저녁 8시쯤 되니 주위는 깜깜한데 천둥번개 치며 후두둑 후두둑 비가 내리기 시작한다. 그 뜨거웠던 낮의 열기를 식혀주는 비인 것 같다.

2013년 4월 7일(일)

## 고향집 같은 토고 숙소

아보메이 베냉 오전7:55 택시타고 출발 ··· 아조우에 Azoue ··· 도그보 Dogbo ··· 로코사 Lokosa ··· 코메 Come ··· 그란드포포 Grandpopo ··· 힐라콘디 Hilakondji 토고 국경 ··· 아네호 Aneho 토고 국경 오전10:35 도착 후 부시택시 탑승 ··· 로메 토고 오전 11:40 도착

| 기간 | 도시명 | 숙소 | 숙박비 |
|---|---|---|---|
| 4/7 - 8 | 토고 - 로메 | Hotel Equateur | 46,000CFA |

| 교통편/이동경로 | 교통비(2인 기준) |
|---|---|
| 대절택시(베냉 아보메이-베냉국경 힐라콘디) | 60,000CFA |
| 부시택시(토고 아네호-토고 로메) | 2,000CFA |

로메로 가는 길이 좀 좋았으면 하는 바람이다. 숙소의 하루는 새벽부터 마당을 쓰는 소리로 시작되고 있다. 아이들 3명이 정원의 이곳저곳을 아주 말끔하고 깨끗하게 쓸고 닦으면서 청소하고 있다.

친절했던 주인과 아쉬운 작별을 한 후 우리는 예약한 택시를 타고 출발하는데 우리 2명만 탄 택시 안의 널찍한 공간에 저절로 마음이 여유로워진다. 토호운 쪽으로 거의 다 갔는데 검문소에서 경찰이 토호운으로 가려면 여기에서 내려서 오토바이로 갈아타고 가야만 하고 길도 나쁘다면서 국경까지 가는 다른 길을 가르쳐주는데 오던 길로 다시 나가서 서쪽으로 가서 가란다. 운전기사는 그곳으로 가면 거리가 너무 멀다며 2,000CFA를 더 요구한다. 차편이 없는 이곳에서 하는 수없이 우리는 요금을 더 지불하고 경찰이 가르쳐 준 길로 가기로 했다. 비교적 도로포장도 잘 되어 있어 우리는 먼지도 덜 뒤집어쓰고 드라이브하는 기분으로 여유롭게 가고 있다.

가는 길에 있는 작은 도시들이 깨끗하고 풍요로워 보이고 화물트럭은 거의 다니지 않으니 도로도 여유롭고 안전할 뿐만 아니라 흙먼지도 없고 좌석이 넉넉하여 편안하게 가니 기분이 좋아진다.

로코사를 지나니 항아리를 파는 가게들이 즐비하다. 일반버스도 보이더니 코메에서 코토누와 토고 국경 쪽으로 향하는 길로 나뉜다. 파아란 대서양이 보이고 바닷가를 따라 있는 초가집들이 평화로움을 느끼게 하면서 이제야 제대로 가고 있다는 생각이 드니 안심이 된다.

이틀 전에 왔었던 국경 택시 주차장에 도착하니 마치 우리 집에 다 온 것처럼 반갑다. 다시 토고로 입국하여 익숙하게 1인당 1,000CFA인 6명 타는 부시택시를 타고 로메로 돌아와서 우리는 아무 생각 없이 당연하다는 듯 전에 묵었었던 숙소로 들어가니 우리가 예약을 하지 않았는데도 베냉으로 떠나기 전에 맡겼던 배낭과 방 열쇠를 선뜻 건네준다. 한숨 놓이고 마음이 푸근해진다. 숙소 옥상에 있는 예쁜 식당에서도 반갑게 맞아준다.

사흘 동안 흙먼지를 뒤집어쓴 옷들을 한바탕 빨아 널고 나니 개운해졌다. 오늘은 택시비가 3배나 많이 들었지만 예상보다 길이 좋았고 일찍 도착해 좋았다. 우리의 이번 서아프리카의 여정은 많은 이야깃거리를 남기고 무사히 마무리되어 간다.

이곳 사람들은 이런 모든 환경에 익숙하고 모든 것이 제자리를 지키고 있는데 우리만이 가는 곳마다 새로운 현실에 부딪치며 되는 일도 없고 안 되는 일도 없는 여정이었던 것 같다. 여기서도 밤에 비 오는 소리가 들린다. 역시 뜨거웠던 태양의 열기를 식혀주는 빗소리다.

2013년 4월 8일(월)

## 로메 해변 산책, 국립박물관 관람

날이 밝자마자 숙소에서 건너편 멀지 않은 곳에 있는 대서양 기니만 해변으로 산책을 나갔다. 어젯밤에 온 비가 채 마르지 않아 땅이 촉촉하고 물이 고인 곳도 많지만 먼지가 나지 않아서 좋다.

월요일인데도 이른 시간이어선지 노점은 열려있는데 거리가 조용하다. 야자수 숲이 우거진 해변으로 가까이 다가갈수록 고요한 아침의 정적을 깨듯 용솟음치는 듯한 힘이 넘치는 소리를 내며 높은 파도가 몰려온다. 주위를 다 집어삼킬 것 같은 엄청난 에너지를 느끼게 하는 파도다. 그런가 하면 고요한 수평선이 저 멀리 동그란 호를 그려내고 그 수평선 끝자락에는 자그마하게 보이는 상선들이 자리를 지키고 있다.

파도가 몰려들었다가 물갈퀴 자국을 남기며 몰려나가기를 반복하며 해안가를 파고든다. 우리는 파도소리를 뒤로 한 채 로메에서의 마지막 아침을 맞이했다. 국립박물관에는 베냉과 함께 한 토고의 역사에 관한 내용, 토고인 조상들의 생활도구, 의류, 악기, 사냥총 등이 전시되어 있었다. 국립박물관을 나와 기념공원에서 쉬기도 하고 거리를 거닐기도 하고 활력 넘치는 시장을 둘러보기도 하면서 시내 구경을 하고 우리의 서아프리카 여정을 마무리했다.

숙소로 돌아올 때의 택시 운전기사가 착하게 보여 내일 공항까지 가는데 와줄 것을 예약했다. 이렇게 로메에서는 숙소는 물론이고 만나는 사람들마다 착하고 친절해서 탔던 택시를 예약하게 되는 경우가 많았던 것 같다. 서아프리카를 여행하는 동안 정말 하루하루가 하나도 놓칠 수 없는 생생한 경험들로 점철된 날들의 연속이었던 것 같다. 애들과 연락이

안 되고 오히려 생각지도 않았던 긴급연락처가 이젠 더 이상 핸드폰에 뜨지 않겠지. 우여곡절이 많았던 이런 생생한 모든 여정을 무사히 끝까지 잘 마무리할 수 있게 한 오샘께 다시 한 번 고개 숙여 감사드립니다.

내일은 마지막 여정에 스톱오버하기로 한 아프리카의 동쪽 에티오피아의 아디스아바바로 간다. 그곳에서는 어떤 새로운 경험을 하게 될지! 나는 에티오피아 하면 6·25전쟁 참전국이 우선 떠올랐었는데 요즈음은 굶는 깡마른 아이들 모습이 눈에 밟힌다. 한국전쟁 당시 아프리카에서 유일한 유엔 가입국가로 국제적 의무를 다하고자 솔선해서 한국전쟁에 참전한 국가였고 한국전쟁 참전을 결정하고 우리나라에도 왔었던 셀라시에 황제가 쫓겨난 후 사회주의 독재, 내전, 분리 독립한 에리투리아와의 국경 분쟁, 계속된 가뭄으로 많은 사람들이 굶는, 경제가 어려운 형편이어서 사실 조금은 조심스럽다.

2013년 4월 9일(화)

# 정들었던 로메와 이별

[ 로메Lome토고 오후12:25 출발 ⋯→ 아디스아바바Addis Ababa, 에티오피아 오후 21:00 도착 ]

| 기간 | 도시명 | 숙소 | 숙박비 |
|---|---|---|---|
| 4/9 - 10 | 에티오피아 - 아디스아바바 | Extreme Hotel | 1,660Br |

정겹고 조용한 토고의 수도 로메를 떠나 에티오피아의 수도 아디스아바바로 떠나는 날이다. 정들었던 숙소와 숙소 식당 직원들과 아쉬운 작별인사를 해야만 했다.

토고에 있는 동안 사람들이 온순하고 친절해서 별로 신경 쓸 일이 없었는데 공항에 들어서면서부터 비행기 타기 직전까지 계속 배낭과 가방을 열어보게 하고 지니고 있는 돈이 얼마인지까지 물어보는데 별로 기분이 좋지 않았다.

이렇게 서아프리카에서의 마지막 종착지였던 로메를 떠나 아프리카 내륙 상공을 거쳐 불빛 바다를 이룬 아디스아바바에 도착하였다. 밤의 아디스아바바의 공항 건물은 매우 화려해 보인다. 공항에서 입국비자를 받는 과정이나 입국 절차가 철저하면서도 매우 간편하게 이루어져 에티오피아에 대한 첫인상이 좋았고 사람들의 외모도 온순해 보인다. 시내 들어가는 택시도 공항 안내소에서 소개해 주어 늦은 밤이지만 별 어려움 없이 숙소에 도착할 수 있었다. 또 우리가 들어간 숙소는 밤 10시가 넘은 늦은 시간인데도 문이 열려있을 뿐만 아니라 식당도 운영되고 있어 말라리아약 복용을 위한 저녁을 먹을 수 있어 다행이었다.

2013년 4월 10일(수)

## 아디스아바바 시내 관광

어제 공항에서 머리가 아파 피곤해서 그런 줄 알았는데 고산증 때문인 것이었다.

오전 내내 우리는 고산증 때문에 꼼짝 못 하고 있다가 점심 식사 후 외출을 했다. 박물관에 가니 정원에는 여러 점의 조각상들이 있었는데 그 중 "하일레 살라시에 황제의 훈시를 들으며 꼿꼿하게 서있는 제복 입

은 12명 학생들" 조각상은 매우 독특하게 보였다. 서아프리카에 있는 국가들의 박물관 분위기와는 아주 다르게 이 박물관 안에는 대학생들, 초등학생들, 관광객들 등 꽤 많은 관람객들이 있었다.

예로부터 '암하라어'라는 고유문자와 고유문화를 지녔고 아프리카에서는 드물게 거의 식민 지배를 받지 않은 국가라는 자부심을 느낄 수 있었다. 박물관 지하의 고대 인류학, 선사시대 유물 전시관에는 현대 인류 출현에 대한 설명과 흥미 있는 전시물이 있었다. 에티오피아 북동부 하다르에서 발견한 오스트랄로피테쿠스류로서 320만 년 전의 직립 보행 인류인 루시(Lucy) 화석과 루시의 석고 모형을 보니 타임머신을 타고 우리와 다르지 않은 조상을 만나는 기분이 드는 것이다.

루시와의 만남을 뒤로 하고 다른 전시실을 둘러보았다. 에티오피아 정교에 관한 성화, 그림, 토기, 청동유물을 통한 문화, 생활 모습 등 에티

오피아의 3,000년 역사를 일목요연하게 전시해 놓았다.

아디스아바바는 미니버스들이 교통수단으로 주로 이용되고 오토바이는 거의 보이지 않는다. 가끔 짐을 얹은 당나귀가 눈에 띈다. 성 조지 성당에 갔으나 성당 문이 닫혀있어 아쉽게도 내부 벽화는 보지 못하고 예쁘게 가꾸어 놓은 작은 정원 의자에 잠시 앉아 있다가 돌아오는 데 한낮인데도 전혀 후덥지근하지 않다. 아디스아바바가 위도 9°에 위치해 적도 가까이 있지만, 해발 약 2,400m 고원에 있어서 연평균 기온 20℃로

살기 쾌적한 도시라더니 실감이 된다. 방에 선풍기나 에어컨이 필요 없다. 그런데 미처 남미에서 만큼은 아니지만, 우리가 이렇게 고산증에 시달릴 줄은 몰랐다. 저녁때가 되어서야 고산증이 약간 해소된 것 같다. 그동안 서아프리카에서 다니는 동안 방에 작은 벌레인지 눈에 보이지도 않는 물것들이 있는 곳이 꽤 많았는데 이곳은 모기나 물것들이 없다. 아주 오랜만에 일서와 통화가 되어 너무 반가웠다. 많은 이야깃거리를 안고 우리는 내일 집으로 향한다.

---

2013년 4월 11일(목)

## 아디스아바바 시내 관광 및 귀국

아직도 고산증에서 해방되지 못해 숙소에서 뒹굴다가 체크아웃한 후 배낭은 숙소에 맡기고 시내 중심가로 향했다. 길가에는 지팡이를 짚은 걸인들이 많고 넓은 아스팔트 도로에서 매연을 내뿜고 달리는 차들이 많아 시내 공기가 혼탁하고 목이 아프다. 도로 위에서 아래 방향이 내려다보이기도 하는 걸 보면 아디스아바바는 고원 도시이면서도 구릉에 위치하고 있는 것 같다. 프랑스 학교 앞 길가에는 학생들을 데리러 온 고급차들이 즐비하게 늘어서 있다.

어제 다녔던 지역과 달리 대로변을 중심으로 현대식 빌딩들이 꽤 들어

Copy
Fax
Print
DVD Copy

서 있다. 점심때여서 그런지 시내 호텔에 있는 레스토랑, 카페마다 사람들로 북적인다. 우리도 복잡한 카페에서 잠시 쉬었다가 숙소에 왔다. 비행기 출발이 00:10분이어서 그때까지 이것저것 정리하면서 시간을 보내고 일찍 공항으로 갔다.

---

2013년 4월 12일(금)

## 귀국길에 오르다

[ 4월 12일 오전1:30 아디스아바바에티오피아 출발 ···› 베이징중국 오후4:50-오후9:55 ···› 4월13일 오전 00:40 인천 도착 ]

출발시간이 1시간이나 넘게 연발됐다. 그래도 집에 간다고 생각하니 애들도 보고 싶고 홀가분하고 좋다. 우리는 서아프리카 국가들을 여행하려고 처음 계획할 때는 태양 빛이 화사하게 반사하는 대서양 해안선을 따라 아름다운 여행을 한다는 기대감을 안고 준비하고 출발했다. 준비과정에서 여행정보를 구하기 어려웠는데 여행하는 동안 휴대폰에 외교부 해외여행 콜센터에서 계속해서 '긴급연락처'가 나왔을 때는 처음에는 왜 그러는지 몰랐다. 세네갈, 코트디부아르에서 우리나라 사람이 주인인 민박집에서도, 라이베리아에서 식당을 운영하는 한국인 주인으로부터도 여행 위험지역이라는 말이 없었을 뿐만 아니라 민박집에서 만난 해외 주재 회사원들도 그 정도로 위험한 지역인 줄은 모르고 있었다.

외교부에서 우리처럼 무모한 여행을 하는 사람들을 위하여 보호하고 있다는 것에 대하여 미안하고 감사한 생각이 들었다. 이번에 웬만해선 경험할 수 없는 어려운 일들을 겪기도 했지만, 또 같은 시대에 살고 있는 다양한 세상이 있다는 것을 실감한 여행이었던 것 같다.